共感團隊

AI分析でわかった　トップ5%リーダーの習慣

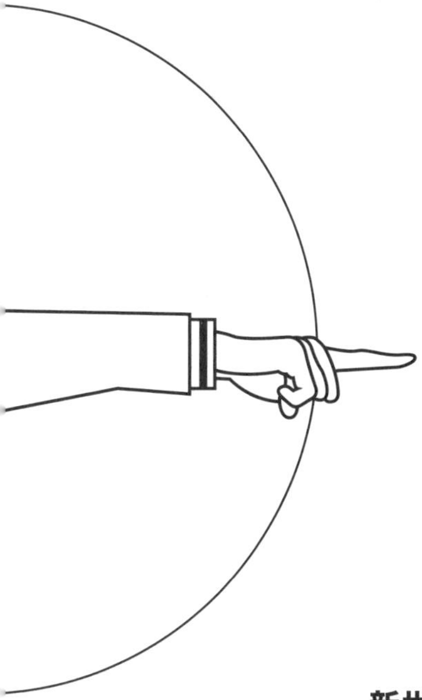

新世代前5%菁英領導者必備

打造成員有安全感、

自主思考、積極行動的共感團隊

越川慎司——著

陳綠文——譯

作者前言

管理大師彼得・杜拉克（Peter Drucker）曾在其著作《專業人士的條件》（*The Essential Drucker on Individuals*）中說：「所謂領導力，是指能徹底思考並確立團隊任務的能力。」

另外，有不少人認為，領導能力是在組織中帶領團隊的管理職才需要擁有的能力。但事實並非如此。領導能力是全員都應具備的「心態觀念」和「實踐能力」。

有些人只做被交代的工作，這樣的員工多半性格耿直，或許在企業體系中是很受歡迎的成員。

但是世局瞬息萬變，很多事沒有「絕對正確的答案」，如果在這樣的時代還總是當一個「只會按照吩咐去做的人」，那反而更會給別人添麻煩。

現今勞工的工作時間有規定上限，甚至出勤狀況也被管控，如果一直都拿不出成果是不行的。若自己不提升工作能力，也不從自身開始改變的話，那不如說自己正在退步當中。

要怎麼做才能順應外部變化，柔韌地生存下去呢？

在新冠肺炎的疫情災禍下，有81％的商務人士都在思考「生活方式」與「工作意義」的相關問題（以上數據為由我擔任執行長的Cross River商務改革顧問公司，於二〇二〇年十二月對兩萬八千人所做的調查），進而了解到「出勤≠在工作」，也意識到「工作＝發揮自己的價值」。

但是，如果僅僅依靠觀念的轉變是沒辦法應對世事變化的。

領導者（leader）和管理者（manager）經常被混為一談，他們同樣被稱為「管理職」，但這兩項職務有著明顯不同。

說到底，我並不喜歡「管理者」這個稱號。雖然他們的確必須管理團隊成員的勞動時間、健康狀況、工作幹勁等事宜，但是在我心中怎麼樣也抹不掉他們管理的事務皆是「既定之事」的印象。

我感興趣的是「未來之事」。

除了思索這世界將會變成什麼樣子、省思我們今後怎麼樣才能有更好的工作方式之外，身為「企業組織的高層」與「實際執行職務的員工」之間的管理職，更應該面向未來，思索將來之事。

應以身為帶領團隊走向光明未來的領導者為目標

至今我已為超過八百家企業、十七萬人進行勞動改革，工作期間也曾遇到懷有以下想法的員工：

「這樣的人才是真正的領導者！」

「想要在這個人身邊工作！」

這類受下屬憧憬的領導者，會將目光朝向公司外部。

他們不會只將自己固守在公司封閉的內部環境中，而是提升眼界，俯瞰整個社會。並且抱持先採取行動的習慣，只要蒐集到70%左右的情報便馬上開始行動。

這樣的領導者因為行事作風不同於周遭之人，甚至會被公司內部員工稱為怪人。

他們有時候會故意放慢步調，或用特異的言行舉止回應他人，甚至假裝自己很閒。也因為如此，當公司內部有人提到他們時，經常會笑著評論道：「那個人真是一位怪人。」

但是，這樣的領導者最與眾不同之處，並不是他們的性格或言行，而是他們拿出的成果。

他們超越了「取得突出成果的人」，是「**帶領團隊接續取得突出成果的人**」。卓越的領導者總是不斷為團隊解決複雜難題，而非只將眼光放在個人問題之上。就算團隊中的頂尖人才突然離開了，也不會讓這個團隊的向心力和士氣下降，最重要的是**讓團隊成員認同自己的工作價值，並懷抱著此信念工作**。

我相信勞動改革的最終目標是「兼顧公司的成長與員工的幸福」，因此具備這種能力與特質的人可說是今後理想的領導者。

託各方人士的福，二〇二〇年發行的前作《ＡＩ分析，前５％菁英的做事習慣》[1]銷量超出預期，也已經在海外出版。撰寫前作時，是以新冠肺炎疫情爆發前的調查為基礎。

而疫情擴大後，Cross River也持續進行資訊調查與數據分析。雖然因為疫情的關係，讓面對面的實地調查有所受限，但憑藉遠距辦公和線上會議，也讓調查對象工作方式的相關資料能數位化，不僅更容易蒐集情報，也累積了大量的有力數據。

Cross River不單為企業提供調查、諮詢服務，還為員工開設了線上研修課程。在二〇二〇年至二〇二一年間，最受員工期盼的，便是針對管理職與青年職員所推出的領導力研習課程。

近兩年間因遠距工作的關係，許多商務人士認為在這樣的狀況下，不容易與同事保有良好的人際關係，要讓分散各處的團隊成員聚在一起更是難上加難。

為此，我決定開始執行本書企劃，著手調查身負引領公司未來發展重任的團隊領導者，分析疫情期間持續取得良好成果之人所做的行動，希望能將調查與分析的結果集結成書。在與日本Discover出版社的編輯部聯繫，打探對方的意願後，很快

1 繁體中文版於二〇二一年七月由大是文化出版。

便決定出版本書。

想在變化莫測的時代裡生存，需要增加自己的行動能力。如果今天下雨了，就放棄每天騎的腳踏車，選擇搭公車。如果你介意身體代謝問題，那在飲食方面就要控制碳水化合物的攝取。

如同現今在新冠肺炎疫情影響下，遠距工作的形式增多，許多企業也不斷嘗試新的工作方法去維持運作。

為了知道哪些新的工作方式是可行的，只能不斷設立計畫並試行，根據計畫的實驗結果去思考改良對策，累積知識與經驗，使其成為自己掌握的能力。反覆進行這些小小的行動實驗時，會產生「沒想到結果還不錯嘛！」的想法，像這樣持續改變工作模式，最終你的意識也會發生變化。

但是，在這個局勢混沌不清的世界中，很多商務人士無法把時間耗費在工作方法實驗上，也有不少商務人士要應付那些因為接近退休年齡而反對工作方式改革的上司而吃盡苦頭。

因此希望本書的讀者能仿效在各大企業人事評鑑中拿到前5％的菁英領導者，

取得與他們同樣傑出的成果。

本書也和前作一樣，使用ＡＩ技術分析了大量數據。但是，請不要將本書視為研究論文。我們的目的是為苦惱的商務人士提供一本快捷工具書。

即使生活繁忙，也盼望讀者能輕鬆改變行為模式、取得成果，所以本書整理了許多容易仿效的工作技巧。做同樣的實驗和分析需要花費一千四百小時以上，但是讀者現在只需要幾個小時的閱讀時間，便能得到相同的知識和見解。

本書的宗旨不是只希望讀者「知道」這些技巧，而是成為「能做到」這些技巧的人。

不過，請不用從一開始就想著要將書中的指引全部實踐。

因為人類會本能地抗拒未體驗過的事物，觸碰未知本來就會讓人感到不安。所以我們可以試著對未知的體驗敞開心房，不要害怕，先稍微接觸看看就好。

在讀完這本書後，選一個方法去做做看吧。

「嘗試過後發現竟然出乎意料地好！」

我認為本書存在的意義，便是將這類偶然的發現轉化為必然會發生的情景。

哪怕只有一個人也好，為了讓更多人得到幫助，也強烈盼望能有越來越多人享受改變的樂趣。

越川慎司

目錄

第二章 95％的一般領導者自認良好的工作習慣

第三章　前5%菁英領導者所實踐的8個行動準則　103

第四章　前5%菁英領導者自我磨練的方法　139

第六章　將前5%菁英領導者的工作習慣滲透至共感團隊當中　209

序章

帶領共感團隊的
前5%菁英領導者
是如何產生的？

為什麼是前5%？

前5%菁英領導者在公司內部經常得到最高評價，就連公司外部人士都大力讚賞

約莫二十年前，我任職於某大型通訊公司。當時隸屬於人事部，時常關注員工並深入探究他們的工作方式。

近幾年因應日本政府施行《勞動方式改革關聯法》[1]，再加上新冠肺炎疫情肆虐，回顧這二十年來，日本社會整體似乎都不像現在這樣對人力資源管理抱有如此高的期待，可說是人力部署產生劇烈變動的時期。

大部分的日本企業會將人事評鑑由高至低區分為S、A、B、C、D五個等級[2]，當中最前端10％的人才即為S級。而在最高等級評鑑中擁有絕佳工作績效的人，便稱為「SS級」。

ＳＳ級的人才不只在一年中拿下突出成果，而是**接續不斷取得傑出成績的人**。他們可能**連續三年達成目標營業額的120％**，可能**即使轉調部門也維持超群表現、絲毫不減個人評價**。

現今有許多企業採取成果主義，也就是根據職務以及業績給薪，引進「工作型雇用」[3]契約。這樣的優秀人才，並非以人品或是受上司喜愛的程度為評價基準，而是各個公司中受內外部人士認可，並且持續穩定獲得最高評價的前5％菁英。

隨著科學技術發展，員工的資料也逐漸採用視覺化管理。人們的言行和成果等資訊能以數位系統紀錄，舉凡員工對工作狀況的各項滿意度，或是員工認為自己做這份工作有沒有價值，甚至是員工的心理狀態，這些都能

1 日本政府針對勞動基準、勞動時間、勞動契約……等作修正的八項勞動法之通稱。於二〇一八年提出，二〇一九年依序實施。

2 雖然每家企業各不相同，有的是三階段評鑑，也有的是七階段評鑑，但日本大部分企業採用的是五階段評鑑，並且不同企業的滿分或分數級距也各不相同。

3 不同於日本一般大型企業採用的統一錄取應屆畢業生再分發值勤單位、論年資排輩支薪、終身雇用制。「工作型雇用」是近年在日本興起的一種雇用型態，勞動者只根據契約中制訂的工作內容、地點、時間行事，契約中未提到的，例如加班、轉調等事項無須遵守。

通過數值表現出來。另外，透過ＩＴ工具也能更方便地進行一對一面談。不管是多方蒐集意見的三百六十度回饋[1]，還是下屬對上司提出意見的管理人回饋都更容易實現。若原本的內隱知識[2]被視覺化，且能定量測量的話，就有可能將其**模式化**。例如蒐集電子郵件、訊息、電話，或是線上會議等數據資料，以ＡＩ結合專家分析，就能找出卓絕群倫的人才的共通點。

除此之外，還能了解到各企業中，前５％菁英員工和另外95％一般員工的差別，當然也能提取樣本，比較雖然同是前５％菁英，但領導者與非領導者的員工有何不同。

本公司著眼於這些數據資料的累積和分析，至今已為八百〇五家企業客戶進行諮詢服務，當中有二十五家對我們的實驗表示認同，願意提供我們其企業內部的數據資料，並裏辦各種工作方式模擬行動實驗，參考樣本更高達一萬八千名員工。

前作《ＡＩ分析，前５％菁英的做事習慣》便是得益於此而誕生的。

本書是以新冠肺炎疫情災禍下引起的變化為前提，將調查對象從原本不分職位的員工改為鎖定在管理職（領導者）員工上。

除了本公司企業客戶中的「前5%菁英領導者」一千八百四十一名員工，本書也解析了「另外95%一般管理職」一千七百一十五名員工。以面對面、線上訪談、網路問卷等方式進行調查。

前5%菁英領導者非常善於傾聽，他們的共通點是能靈巧地應對各種變化。能這樣柔韌地臨機應變是因為他們總是觀察周遭，注意世事變遷，保持隨時應變的態度。

那麼，下一節開始我們就來介紹實際的分析方法吧。

1 三百六十度回饋（360-degree feedback），經由多元、全面的資訊蒐集與分析，更公正地評鑑個人績效。資料來源包含自己、上司、下屬、同事，以及外部相關人員。

2 從經驗中獲得的知識，特別是透過工作現場積累的直覺和感受所領會到的知識。反之，可以用文字、圖像、聲音、數值等表現或傳達的稱為顯性知識。

活用ＡＩ分析並結合專業人士判讀

透過六個階段調查分析

本公司活用一般的ＩＴ服務與ＡＩ服務，複合分析各式各樣的數據資訊。

本節也準備了圖像解析，以幫助讀者理解此分析方法。

階段１：取得數據

首先必須取得前５％菁英領導者和另外95％一般管理職的**行動數據**：

・線上會議的影像畫面
・行事曆等協同作業軟體的使用紀錄
・手機應用程式的使用紀錄

・雲端儲存裝置的使用紀錄
・商務通訊軟體的對話紀錄
・電子郵件的往來紀錄
・全套文件報告等資料檔案
・線上訪談調查的錄音檔案
・各式各樣線上問卷的調查結果
・工作價值的診斷結果
・過去五年間的人事評鑑資料
・公司內部單位異動經歷……等等

並將以上數位資訊保存於雲端空間。

階段2：轉換數據

將聲音數據用「語音轉換文字自動辨識系統」（Speech to Text API）轉換為文

字數據。

另外，也有一部分數據是由外包人員協助轉換的。

階段3：細查數據、前置處理

使用ＡＩ分析前，確認數據的數量與精確度。

此外，也進行刪減作業，排除不必要的數據和無法辨識的數據，並檢查、修正輸入錯誤及轉換錯誤的數據。

這個階段幾乎都是以人力操作。

階段4：文本探勘

將文字數據以及被轉換為文字的聲音數據，透過文本探勘[1]進行自然語言處理[2]，從中抽取頻繁出現的詞彙和較具標誌性的語彙。利用交叉表列分析[3]，及多變量統計分析[4]，由各個角度判辨前5％菁英領導者的特徵。

階段5：情感分析

活用AI中可以理解聲音語言的認知服務Cognitive API，和能夠辨識情緒的臉部覺察服務Emotion API，分析線上訪談調查等各種會議的錄影畫面，將與會者的情感區分為八大類型。

以此為基礎，辨別情緒正面積極時的發言內容和感到憤怒時的發言內容，結合文本探勘的結果進行複合比對分析。

1 透過各種文本分析技術去擷取文本的資訊或知識數據。
2 讓電腦認知、理解並運用人類語言的技術。
3 將數據按照不同的屬性和基準分門別類，進行個別統計，統計的結果用交叉表列呈現，以了解兩個變數之間的關係。
4 綜合解析多個變數的統計方法，用於調查資料之間的關聯性或釐清資料的結構，對於理解龐大數據非常有效。

根據相關圖和二維圖進行的文本分析

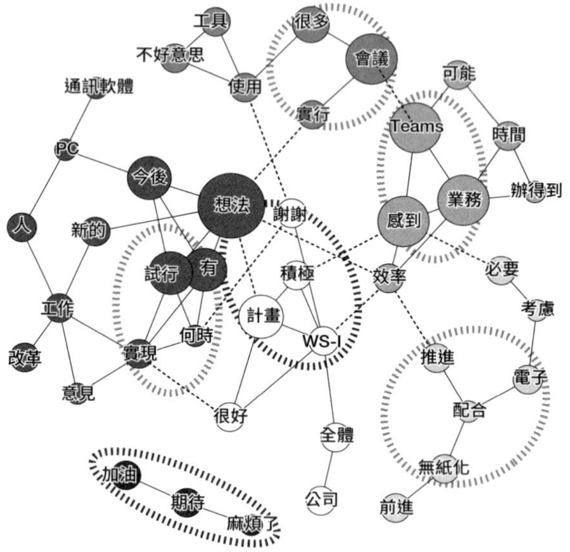

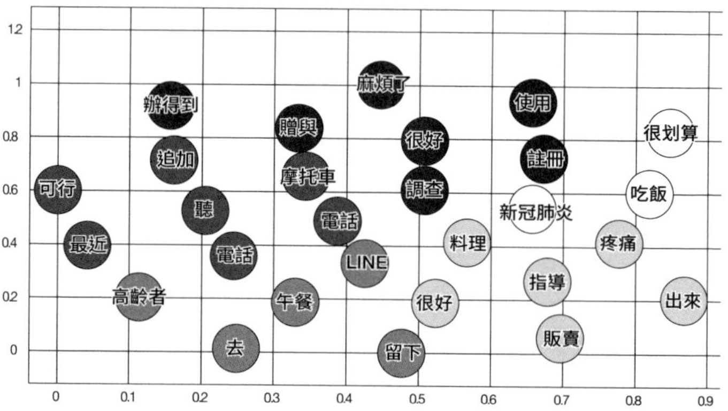

情感分析APP（Cross River製作）

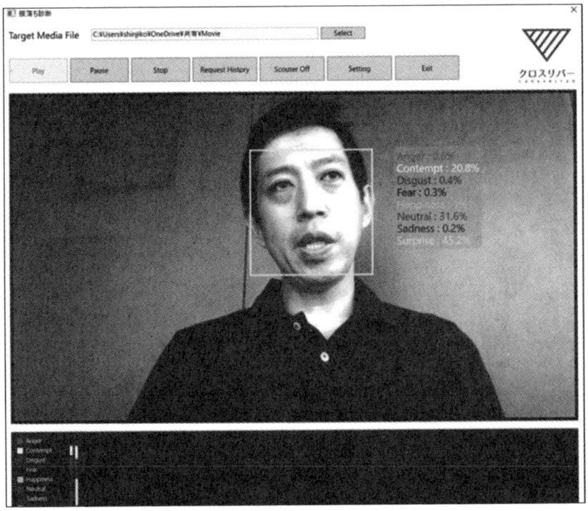

模擬示意圖

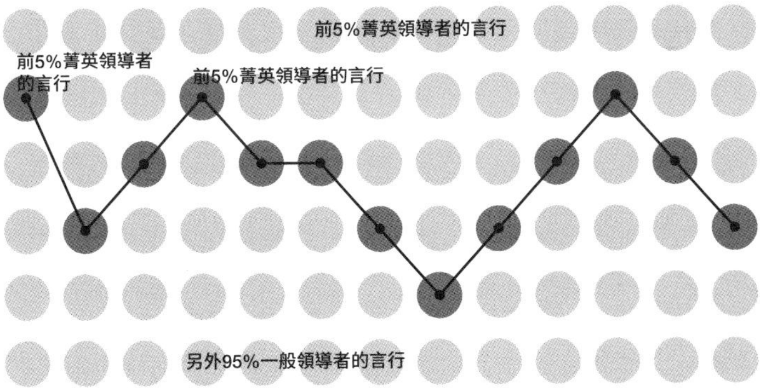

階段6：建立行為模式

運用AI的機器學習[1]，發掘前5％菁英領導者的行為動作模式與規則（抽取出標誌性數據）。同樣的，也提取95％一般管理職（以下稱為一般管理職），以及非管理職的前5％菁英員工、95％一般員工的指標性數據，更能辨明各項樣本的差距。

經過以上程序，整理出的便是「前5％菁英領導者的工作習慣」。

排除萬難的大規模調查，長達一千四百小時的分析

即便感到辛勞與困難，也要「建立牢固的關係」

前作《AI分析，前5%菁英的做事習慣》於二〇二〇年在日本發行，當時的分析數據為新冠肺炎疫情爆發前四年（二〇一六年～二〇二〇年）實施的調查結果。

多虧來自各方人士的支持，其中甚至有客戶提出「希望也能調查我們公司」的請求。

雖然疫情爆發後的工作方式和整體環境都與先前有著極大落差，但是憑藉**「想要分析在這樣變化萬千的時代中，還能靈活應變、不斷拿出優秀成果的人有什麼樣的特徵」**的想法，在疫情中我們也依然持續進行調查。

1 人工智慧的一個領域，是指讓機器（電腦）像人類一樣具備學習的能力。

結果我們共得到了二十七家企業的協助，取得累計一千四百小時以上的行動數據資料。其中包含了針對「前5％菁英領導者」一千八百四十一名員工，以及「另外95％一般管理職」一千七百一十五名員工進行的調查，總計共獲得了三千五百五十六名管理職的協力幫助。

不同於撰寫前作《AI分析，前5％菁英的做事習慣》時的調查狀況，疫情擴散再加上日本政府發布緊急事態宣言、實施防疫等重點措施，除了很難進行面對面的訪談調查，許多企業客戶的一般行動也受到了限制。大喜過望的是，所有的企業都非常積極配合，盡力協助我們進行調查。

跟前作一樣，並沒有公開前5％菁英領導者的名單，而是由本公司的八名顧問持續進行調查。

針對無法面對面訪談的情況，我們以Microsoft Teams和Zoom等視訊軟體舉行線上訪談調查，並保存調查對象所參加的線上會議錄影，也蒐集他們的商務通訊對話紀錄。

科技數位化讓數據的取得更加輕而易舉，雖然調查變得更便利了，但有時也會發生雲端帳戶故障，或是錄製的影像出狀況等麻煩問題。

更困難的是，單靠線上訪談觀察，不容易察覺調查對象的喜怒哀樂等情緒，所以只能一邊注意對方的表情和心情，一邊聆聽對方說話。

另外，隨著科學技術的發展，有些情形反倒讓調查工作加重了。

像是微軟的認知服務Microsoft Azure Cognitive API等調查分析工具，每個月都會修正認知的精確度，所以長時間的調查下來，前半段和後半段時期的分析結果可能有著細微的差異。

要將這些落差數據抽取出來，便得靠人工一個一個找出，再去作調整。

當然，科技快速變化進展，勢必讓我們的許多工作都更有效率。

比如將訪談調查的錄音檔轉換為文字檔的Speech to Text API，這項技術的進化也多少解決了我們之前必須靠人力費心地挑出錯字或檢查漏字的修正作業。

不過，最讓我們感到困難的是，隨著前作《ＡＩ分析，前５％菁英的做事習慣》打入暢銷排行榜，對本次的調查產生興趣與關注的人也越來越多。

「想請教您關於分析的原理」、「希望能知道自己是不是前5%菁英」，像這樣的請求和詢問隨之增加，我們也花費了更多時間去處理解決。雖然本書的調查工作受到各界關注，但出乎意料地也耗費大量時間去應對新產生的問題。

尤其是手動操作的過程更是超乎想像地讓人感到勞累，調查人員累積了不少壓力，甚至有些工程師邊忍著淚邊趕在期限內將任務完成。

我自己也是為了應付反對此計畫的各方人士而感到相當棘手。過去也曾有被競爭對手找麻煩的經驗，實在是無奈到欲哭無淚。

但是，跨越過重重困難關卡，我們也蒐集到比前作更多的數據。這些都是因為有客戶及相關人士的協助，還有Cross River團隊成員的幫忙，託大家的福才能完成此次的調查。

與社會各方人士同甘共苦，留下了此次作品，我期盼一生都能與這群共患難的夥伴保持聯繫。此外，我與團隊共同經歷了許多艱苦的日子，成員之間的關係也更緊密，我也更切身地感受到自己想與成員們攜手創造未來。

釐清前5％菁英員工與前5％菁英領導者的不同

面對新冠肺炎疫情，目標也該有所改變

疫情前，我們對「前5％菁英員工」進行調查分析，疫情後同樣也持續進行，並從中確認了他們的共同點和相異點。

另外，我們也比對了**「前5％菁英員工」和「前5％菁英領導者」的差別之處**。前作《AI分析，前5％菁英的做事習慣》的調查對象並未明確區分管理職與非管理職，而是混合調查，但是如果更進一步將管理職的數據取出並運用AI進行分析的話，可以發覺他們令人意想不到的特徵。

新冠肺炎的疫情前後，企業之間最大的差異便是溝通方法的改變。現今不再是以自我為中心，用「告知對方」的方式來與人交流。而是要把對方放在第一位，以「傳達溝通」的方式讓對方理解你想表達的是什麼。若是能實際面對面談話，更容

易發揮此溝通技巧。

身處疫情時代，人們很難直接碰到面，遠距辦公形式漸為主流，但讓前5％菁英領導者感到相當苦惱的是，就算能利用視訊軟體開線上會議，也不是所有人都願意把視訊鏡頭打開。

即便如此，透過累積許多大大小小的行動實驗，我們也能從中找到成功模式。或許在疫情發生前，我們根本不需要耗費這麼多心力，也不用去試行這類行動實驗。

不過，在疫情爆發後，前5％菁英領導者即使面對新的課題也能迎刃而解。

遭遇如此艱難困境，前5％菁英領導者放眼的目標是「共感與共創」。

當今經濟落差越發擴大，人們的價值觀也趨向兩極化，此時「共感與共創的時代」正是企業往後該著眼的方向。前5％菁英領導者早在他人察覺此趨勢之前便見微知著，迅速對應並採取行動。

「共感」並不是去同情團隊成員，而是設身處地站在對方的立場著想，共感

並體會對方的情緒；「共創」也並非只是單方面地提出意見方案，而是大家一起討論，共同思辨、共創未來。倘若這樣的言行舉止能滲透並感染團隊成員，那麼團隊也就更容易朝向訂立的目標前進。

接觸到以「共感與共創」為目標的前5％菁英領導者後，就連我自己也深受影響。

前5％菁英領導者重視的事

新冠肺炎的疫情蔓延前，前5％菁英領導者非常重視效率，期望在最短時間內達成目標。

新冠肺炎的疫情肆虐後，除了因為遠距工作讓大家很難實際上聚集在一起之外，還要面對團隊成員各式各樣的觀念與性格特質，前5％菁英領導者在此時更重視團隊成員間的對話，期盼能整合全體的方向性。

為了能在疫情災禍下依舊不斷取得良好成果，前5％菁英領導者會在與團隊成員一同討論工作內容的同時，也積極努力讓他們理解並認同團隊組成的意義與目的。這樣做或許看似效率不佳，卻是確立團隊向心力的一項重要且踏實的舉動。

一位前5%菁英領導者表示：**「只要花時間建立牢固的人際關係，即便發生各種料想不到的變化，也能維持過去的合作體制。」**

此外，人們在與他人建立關係時，經常會將彼此間的情感區分為「脆弱的聯結關係」與「堅實的聯結關係」。在確保團隊成員心理上感到安心的同時，也必須設立行動的目標，隨時意識到團隊有朝同一個方向努力，並且能共同達成這項目標。

也許有時結果不如預期，或是彼此價值觀產生落差，但至關重要的是，應該抱持著可能被團隊成員討厭的覺悟，鍛鍊堅強的意志。

另一方面，也要盡所能地**與公司外部相關人士，及公司內部的利益關係者建構牢固的工作關係**。

「為了占領黑白棋的邊角，必須和商場上的關鍵人物打好關係，才能穩踞有利情勢」、「為了在商業界創造出有影響力的話題，希望能切中要點」，諸如此般的想法並不少見。這樣做不是為了討好他人，而是企圖掌握商務核心樞紐，為了**追求效率**所採取的行動。

持續遠距辦公的情況下，生活中與他人「偶遇」的機會可說少之又少。此時前5％菁英領導者便會將視野放在**和有影響力的人物建立交情，藉此擴展自己在商務圈中與他人的聯繫關係**。

憑藉如此強韌的交際基礎，還能將原本脆弱的聯結關係轉變為堅實的聯結關係，不失為一項強大的商務戰術。

面對今後的時代，團隊必須具備的能力

前5％菁英員工和前5％菁英領導者決定性的差異是：他們**為達成目標而設立的方向與程度**有所不同。

前5％菁英員工會拉攏周圍同事，以團體戰去解決迎面而來的巨大課題。

但是，這終究只是為了達成個人目的而使用的手段，並非重視團隊打下的實績

而採取的行動。

另一方面，前5%菁英領導者考量的首要重點，只有「團隊必須達成目標」這件事。當然，他們也會考慮到領導者本身的評價也會有所提升，只是比起個人利益，他們最優先考量的是團隊的目標是否達成。與將自我意圖擺在首位的前5%菁英員工不同，**前5%菁英領導者認為自己有更大的使命，那就是必定要達成組織設立的目標，而想將其實現的話，就必須靠團隊成員的協助**。

業務能力強的員工向來就容易被提拔為團隊的領導者，所以想藉由自己的本領和努力來實踐團隊目標的人也不計其數。

但是對企業來說，並不可能單純給予員工如此天真、淺薄的目標。

倘若只倚仗一人便能達成目標，那也沒有晉升管理職的必要。因為對於公司來說，期盼的是**靠著運用各個成員不同的能力，以團隊的力量來完成原本單憑個人無法達到的目標**。

因此，前5%菁英領導者總是**信任著團隊成員，認為成員是有能力的，為了**

引導成員發揮各自的能力，他們往往深謀遠慮，考量該給予成員什麼樣的指示與引導。

賦予團隊成員們自由與責任，放手讓他們自動自發去行動，如此也能減輕領導者自身的管理重擔。**前5%菁英領導者清楚知道自己沒辦法管控所有瑣碎的事務，所以應該下定決心將事情交辦給下屬。**其中認為「團隊成員比我還常與顧客接觸也更常執行實務，他們能取得更多情報、擁有更厲害的業務技巧」的前5%菁英領導者也不在少數。

也就是說，前5%菁英領導者為了達成僅靠自己一人無法完成的宏大目標，他們放下了自身過去的才幹與經驗。**上司這樣「放手」的行為，其實更能激發團隊的凝聚力，培育出團隊每一位成員的自主性。**

團隊中的同伴若是能依照各自的優勢與劣勢相互配合、彌補不足，便能**發揮1×1=3，甚至1×1=5的效用**，組建一個人才濟濟的團隊。

學習前5%菁英領導者的工作習慣來取得成果

用更短的時間來學習並取得成果

本公司在勞動改革諮詢服務中，也參考了前5%菁英員工的工作習慣來加以運用。像是各企業客戶的人才培育計畫、擬定組織編成企劃，以及改善人事評鑑制度等等，都參考過去的分析結果並納入考量。

舉辦各大講座時，也向許多人展示了前5%菁英員工所推動的「四十五分鐘會議」和「PowerPoint資料製作技巧」。

諸如前述所列，我們也依據前5%菁英領導者的工作習慣，向一百七十八家企業逐漸擴展理念，應用在甫晉升為團隊領導者的新任管理職研修課程，以及為新進青年員工所開設的研習活動中。

在這上百家企業當中，有七十八家企業多次開設領導能力進修課程，致力於培育能持續取得優秀佳績的新領導人才。

這次的調查中，試著讓七十八家企業中的一千四百〇八名領導者應用此系統化的做事習慣。

舉例來說：

- **制定緩衝期，使時間安排與精神狀態更加游刃有餘。**
- **強制訂定每週一次十五分鐘的自我觀察與反省時間。**
- **提倡在說話時將嘴角提高兩公分。**
- **點頭附和時，大幅度擺動超過兩公分以上。**

我們讓各企業中的領導者嘗試去執行這些改變。

雖說並非所有行為習慣都能與最終的成果提升畫上等號，但無論是將總結精簡說明，還是感知他人的喜怒哀樂，這些都非一朝一夕便能輕鬆掌握的。

即便如此，我們還是能仿效此溝通術，**不以自身為考量，而是看重交流對象，將對方擺在首位，藉此讓自己的想法能更有效地傳達到對方耳裡。**

此外，如果向培育計畫的參與者下達了「去確保對方的內心是否感到安心無慮」這樣的指示，或許也會讓人感覺太過模糊，不知道如何去做吧？相較之下，具體描述**「在公司內部會議的開頭前兩分鐘先試著閒聊看看」**，這樣的指令更容易得到落實。

經歷兩個月間多次反覆試驗，參加前5％菁英領導者培育計畫的一千四百〇八名員工當中，共有**91％的人對此計畫的評價為「非常滿意」及「滿意」**。直至培育計畫結束的兩個月後，回訪確認參與者的行動變化是否趨於穩定且取得實質成效時，竟有高達**89％的參與者都認為回到職場實行後的效果非常顯著**。

雖然在這些參與者之中，也有人並未改變自己的工作習慣。不過有更多的參與者在培育計畫結束後的隔天，便立刻嘗試改變，**透過擬定內省時間等舉動，成功地穩固自己改變後的行為習慣**，也因此促成工作成效穩步上升。

本公司各企業客戶中負責培育人才的人，皆非常積極友善地協助本計畫進行，使其應用在各領域之中。

不僅如此，即便培育計畫結束後，他們也花費非常長的時間幫助後續追蹤調查。

雖然還不能說依循這樣的培育計畫和調查分析可以量產前5％菁英領導者，但的確得到了「這項基礎架構確實可以培植出優異人才」的評價。

集結眾人之力，使團隊發揮最大成果，這是所有企業都在追求的目標。

時代變化莫測，職場中需要的不是被吩咐工作事項才會起身去做的員工，而是期盼能培養出團隊成員都能夠自己思考、自我行動的「自發性組織」。總是切身觀察風吹草動，靈活因應環境變化，長久下來也就更容易對事物有所覺察。說起來看似簡單，事實上要培養這樣的人才或是團隊，花上四、五年也並不罕見。

但是，如果參考學習各企業中前5％菁英領導者的工作習慣，至少可以減少失敗機率。也就是說，無須去做白費心力的挑戰或得不到成效的實驗，就有可能得到成果。

縱然不是所有情況都能夠模擬再現，但依據上述所說的，都可以證明**透過仿效**

優秀領導者的工作習慣，能立刻學習、實踐，也能馬上得出成果。

如今，人們追求在極短時間內取得豐碩成果。因此，如果能像這樣提高行動實驗的效率，最終也會增加工作能力。

當工作能力增加了，也就更容易面對並處理突如其來的變化。

上述提到關於各企業客戶協助的行動實驗內容與結果，將在第六章詳加敘述。

第一章

AI徹底查明！前5%菁英領導者令人意想不到的特徵

前5%菁英領導者，有59%的人步調比較慢

讓身心狀態與時間運用更加從容有餘裕。

受新冠肺炎的疫情波及，進辦公室工作的員工大幅減少，調查出勤對象的機會也降低許多。但二〇二〇年在日本政府發布緊急事態宣言前的一月至三月期間，我們得到五家企業協助，在各辦公室內部設置定點攝影機，以便進行調查。

不僅在個人辦公桌上，我們也在人潮流動較為頻繁的樓層出入口和各區開放空間附近裝設了三百六十度全景攝影機，以利錄製員工們工作的模樣。

觀察下來最顯而易見的，是員工**移動速度的差異**。

雖說並不是以非常嚴密的方式去測量大家的行走速度，但可以明顯看出，有些人步行速度較快，有些人則較慢。

前5%菁英領導者中，有59%人的移動速度顯然比平均看來更為緩慢。

根據目測，也可以清楚看到前5%菁英領導者走路的步調非常慢。

這項觀測結果與前作《AI分析，前5%菁英的做事習慣》相反。前5%菁英員工多半是急性子，走路速度比一般員工來得快。

在調查前5%菁英領導者之前，原先以為他們應該討厭徒勞無功之事，也同樣是性急之人，走路速度理當會很快吧。但結果卻與預測不同，他們的移動速度比想像中慢多了。

一般的管理職當中，有38%的人步調比平均來看還要慢。而前5%菁英領導者在所有管理職當中，相較之下又顯得更緩慢。

因為想了解其中原由，我們直接訪問走路較慢的前5%菁英領導者，聽取他們的想法。

當向他們傳達觀察的結果後，他們驚訝地回應：「連這種事都調查嗎」、「我自己都沒發覺走路速度比別人還慢」。

不過，我們來看看前5%菁英領導者在其他問卷中的回答：

「會刻意製造讓身心狀態與時間運用都更加從容有餘裕的機會。」

有58%的人都如此表明，或許這也反映了為什麼他們的走路速度會比一般人還緩慢。

另外，對於自己負責的會議，前5%菁英領導者會嚴加掌控，讓議程在預定時間內結束。

他們在會議中確認時間的次數比起其他管理職多出二·八倍，盡可能地提前完成會議。

他們之中也有很多人致力於會議改革。認為應該改善公司內部會議質與量的人，比起一般管理職更是高達三倍以上。

- **將三十分鐘的例行會議改為二十五分鐘。**
- **精簡企業營運方針這類決策會議的參與人數。**
- **會議開頭便先宣布議程，以及分配與會者應負責的職務。**

諸如此類方針，便是他們推進的改革內容。

如果會議能按時結束，甚至提早結束的話，不管是時間安排還是情緒狀態，都能更加從容有餘裕。

照此看來，說不定也是受這樣的想法影響，他們平時才會以沉穩踏實的步伐慢慢行走吧。

透過訪談調查我們還得知了一件事，那就是前5%菁英領導者多半選擇不搭電梯，而是刻意去走樓梯。此外，他們總是以飛快的速度爬上階梯。

相反的，**在辦公室各樓層空間或是走廊中，他們卻緩步行走。**

在我們看來，前5%菁英領導者這麼做，是**為了能讓下屬毫無負擔地向自己搭話，所以會故意放慢腳步，製造出容易讓人攀談的空檔。**

比起皺著眉頭在辦公室來去匆匆的上司，表現悠閒且慢步行走的上司更容易向他搭話。

「現在方便說話嗎？」

像這樣的問題也就更加容易說出口。
他們會有如此舉動，是因為早就連這些事情都仔細計算過了。

前5%菁英領導者，有58%的人發言精簡

☞比起單純地「告知」，更該設法「傳達」進對方耳裡。

分析了前5%菁英領導者在與團隊成員一對一面談，還有接受本公司訪談調查時的應答方式之後，發現**在前5%菁英領導者當中，有58%的人發言次數頻繁，但發言時間都不長**。

因為想讓對方開口說話，他們也會表現出認真聽取對方意見的態度。實際上，這58%的人，比起總是自己發表意見，他們更想方設法讓團隊成員能多多開口說話。

為了將自己的想法明確地傳達給對方，表達意見時必須將想講的內容簡潔地整合起來。前5%菁英領導者清楚知道，比起當個傾聽者，人們在講述自己意見的時候情緒會更加高漲。

另一方面，也有許多管理職會誤以為「只要詳細審慎地闡述自己想說的話，就

可以讓對方聽進去」。

但即便說得再周詳，如果對方根本無心聆聽，那也只會造成左耳進右耳出的結果。**比起長篇大論，抓出關鍵重點精簡說明，才能更容易讓對方馬上明白你的意思**。就好比流行語一樣，簡短有衝擊力的詞句傳播得也更快速更廣泛。

前5%菁英領導者在說明事情的時候，也總是抓住要點，表達得緊湊清晰，讓聽者感覺俐落舒暢。

當自己發言完畢後，注重「傳達溝通」的前5%菁英領導者會觀察對方的反應。在這次針對前5%菁英領導者舉行的幾場訪談調查當中，我們也可以看到他們在面對詢問時，總是回答得直接了當又簡明扼要，大部分的訪談調查也都因此比預期的時間還要早結束。

把「意義」、「目的」、「數字」簡要統整，便能更清楚地傳達，讓對方更容易理解

前5%菁英領導者會在**開場第一句話**就畫龍點睛。

在會議結束一小時後，我們詢問了與會者：「**你最記得會議中的哪一部分？**」讓七千五百一十六名參加者回答這個問題，結果最多人留有記憶的地方是**「最後五分鐘」**。

想當然耳，對於會將聽到的情報遺忘約七成的人類來說[1]，越接近會議尾聲的「最後部分」也就越容易被記住。但是當我們問到印象第二深刻的部分是哪裡時，有69%的人回答**「會議最開頭時」**。從這個結果可以知道，內容記得最清楚的是會議結尾，但留下最強烈印象的是會議開端。

尤其是**最開始的第一句話最容易引人注目，能使人留下極大的印象**。也就是說，雖然其他部分比較難讓人有記憶點，但是如果**在開頭和結尾投入心力、多加著墨，便能讓人留下深刻印象**。

前5%菁英領導者多半不自覺地運用這個準則，將精力傾注在會議開場的瞬間。

1 詳情請見本書第五章第五節。

開頭簡短傳達

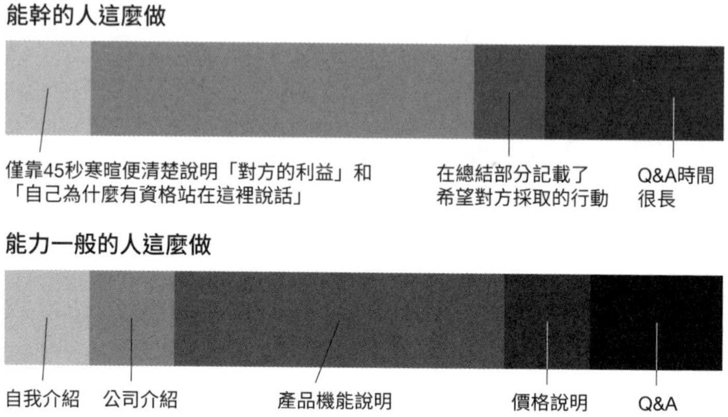
能幹的人這麼做
僅靠45秒寒暄便清楚說明「對方的利益」和「自己為什麼有資格站在這裡說話」
在總結部分記載了希望對方採取的行動
Q&A時間很長
能力一般的人這麼做
自我介紹
公司介紹
產品機能說明
價格說明
Q&A

在會議當中首先要做的，不是淡漠地講述已知的事實狀況，而是**對此情勢有什麼覺察，以及與會者面對此情勢時能從中得到什麼好處，又會引來什麼壞處**，等等事項都該清楚闡述。

負責業務工作的前5%菁英領導者表示，開會時，他們會在**自我介紹和最後的問答時間**花費心力。

雖然說是自我介紹，但並不是囉囉嗦嗦地講述一堆自己的所屬部門或頭銜。**開頭是最容易讓人留下深刻印象的時候，如果把這段時間都只拿來說明自己所屬的單位跟職稱實在太浪費、太可惜了**。前5%菁英領導者中，當然也有許多位高權重的人，但他們不會不斷展示自己的位階、宣揚炫耀自己有多麼厲害。

那麼，到底該說什麼比較好呢？這個時候他們會向參加者簡潔俐落地說明自己能帶給對方的好處是什麼。

「為了在這六十分鐘內提升業務效率，我們會明確訂立三個事項。」

就像這樣，清楚又簡短地說明意義和目的，並且在語句當中加入數字，讓對方更容易記住自己所說的話。

我們在二〇一八年至二〇一九年間針對各企業中的頂尖業務員進行訪談調查時，同樣看到了他們在最初的寒暄時間就下足功夫。

無論是在一開始賦予商品什麼樣的調性設定，還是帶給消費者什麼樣的期待，都深深地影響著顧客的購買意願。

想辦法讓出席者融入會議，把會議當作「自己的事」來參與

不僅是業務銷售，其實公司內部會議也是同樣的道理。

應該在**會議開頭就確立議程安排**，並再度確認與會者被分配到的工作事項。**讓所有參加會議的人保有適度的緊張感**，如此一來他們也會更專注於會議中，減少在**底下偷偷做其他工作的機會**。

‧今天的**議程分為三個部分**。

‧第一階段，想先聽聽**營業部的鈴木**有什麼想法。

‧第二階段，我們要進行**討論**，請**開發部的吉田**也發表一下自己的意見。

‧第三階段，**議事決策**的部分麻煩**營業部的山田**也積極參與商討。

‧**最後的問答，希望各部門都能簡短說說自己的看法**。

像這樣賦予出席者工作的動機，他們便會將會議視為與自己有關的事來參與，也就能大幅降低他們在會議中處理其他工作的機會。

而在最容易讓人留下記憶的會議尾聲，適合做**總結**和**Q&A**。

所謂「總結」並不是針對會議中的說明做總結，而是統整出**你希望對方採取什

麼樣的行動。在Q＆A階段，透過讓參加者提出疑問，也就更容易形成有往來互動的雙向溝通。

前5％菁英領導者預留了很多時間給Q＆A，他們會在簡報檔的最後製作陳述結論的頁面，透過這一個頁面簡短有力地向對方傳達出自己希望他們採取的行動是什麼。

這樣的做法也的確更容易促進對方行動的意願。

設法在一對一面談中創造雙向溝通

與團隊成員間進行一對一面談時，也需要「簡潔俐落地表達」。

一般的管理職在一對一面談時，經常占據**七成時間自我發言**，只留下三**成時間給對方說話**。

前5％菁英領導者則會關心團隊成員、對成員抱持興趣。他們發言時總是簡潔俐落地表達，把時間留給對方，讓對方保持輕鬆愉悅的心情，藉此讓對方多多發表自己的看法。平均下來，他們在會議中有67％時間都在聽對方說話。

前5%菁英領導者會**製造讓團隊成員可以自我思考的時間**，使他們能**盡情講述自己的體悟和學習到的事務**。

「你覺得怎麼樣啊？」

不是像這樣突然提出單方面的疑問。

而是先分享自己的經驗或感想，不讓人感到強烈負擔地問道：

「我是這樣想的，那你是怎麼看這件事的呢？」

像這樣子提出疑問的話，對方也會比較願意開口回答。

但這麼做並不是要對自己的事滔滔不絕。會像這樣先提出自己的經驗，終究是為了要**引發對方開口的手段，讓他們有一個作答樣本可以參考**。

打造一個緩解嚴肅氣氛的空間，為對方提供一個能放鬆回答的方法。如此一來，也能增加讓對方願意自己開口說話的機會。

依照這樣以對方為重的溝通模式，也就能從原本單方面的質問轉變為雙向的對話。

前5%菁英領導者，有48%的人自認不比團隊成員優秀

不管是團隊成員還是自己，都有擅長和不擅長的事，在此前提下分擔各自的職務以利達成團隊的目標。

或許有些人的個人工作能力非常優秀，但這並不代表他同樣具備傑出的領導能力。**以一己之力取得工作成果，和以團隊全體的力量達成工作目標，這兩種做事方法截然不同，所需的技能也大不相同。**

說到底，團隊中的領導者本來就不比成員還要偉大。兩者間的差異無關階級，而是各自的職務和責任範圍有所不同而已。

因此，前5%菁英領導者當中，有48%的人認為「自己不需要比團隊成員優秀」。他們認為既然實際執行工作的團隊成員是以成為**自發性組織**為目標，那麼**領導者便沒有必要承攬所有的技術和能力。**

不管是實際與顧客接觸的員工，還是鄰近銷售市場的業務員，都更容易察覺外界的變化。因此，如果能明確分配各自該負責的職務，離目標成功就更靠近一步。

前5%菁英領導者會對提高自己的業務能力斷念。

比起加強自己的業務能力，他們認為**自己的責任在於培養團隊成員的工作能力，以便整合團隊的整體事宜**。

舉例來說，如果團隊中有剛加入的新人，那他的業務知識和處理能力或許會比其他人差。但是前5%菁英領導者相信任何人都有他擅長的事物，因此會試著**找出他們與其他同事不同的才能，然後去突顯這項才能，使其在團隊中發揮效用**。

這樣做的目的並不是想讓團隊成員提升自我肯定的價值，而是想跳脫「工作能力強的人就是絕對王者」這種意義不明的陳舊規定。

為了實現這個目標，必須以正向的目光來看待團隊成員才行。

如果總是抱持著「他們絕對辦不到」的想法，彼此間也會累積不少壓力。

前5%菁英領導者會留意團隊成員的特長，並致力於培養這些特長，使他們施展所長與進步。

領導者的職責就是以此為基礎，去判斷應該讓團隊成員自己去補強不足的部分，還是調配讓其他成員去彌補這些弱項。

此時，如果以高高在上的姿態面對團隊成員的話，就會建構為上下階級關係，彼此間產生距離感，沒辦法敞開心扉對話。

所以這時候應該做的，不是擺出居高臨下的態度，而是以彼此能夠輕鬆閒聊、商談的關係為目標，與團隊成員站在同一高度上，嘗試建立平等的關係。

相反的，當我們向一般管理職問道：「你認為自己比不上團隊成員嗎？」有75％的人都回答「不」。

他們的能力可能真的優越過人，但是如果言行舉止太過以自我為中心，也不難想像團隊成員會因此漸漸疏遠他們。

以「和團隊成員建立平等關係」為目標的前5％菁英領導者，不會區分眾人的能力優劣。

他們認為**不管是團隊成員還是自己，都有擅長和不擅長的東西。在此前提下，除了應該安排好每個人的工作責任，還要朝同一個目標一起努力，切磋琢磨以求精進。**

這就是前5%菁英領導者所追求的**「共感與共創」關係**。

前5%菁英領導者，有65%的人不做冒險的決斷

比起提高成功率，不如想辦法降低失敗率。

擔任管理職之後，勢必得做出許多大大小小的決策。舉凡人力配置、預算控制，或是與其他部門的合作事宜和各種事前準備，再到與高層的交涉等等，如果不盡早判斷處理，事情也無法進展下去。要是迴避各項決策，工作時程也會被拉長，導致加重團隊成員的負擔。

前5%菁英領導者會確實做好該做的判斷。

他們會根據可達成率、投資報酬率、影響性、重要性……等評鑑基準進行複合考量，並對自己所下的決斷抱持堅定的信念與責任。從長達八千小時的線上會議錄影畫面來看，明顯可以看出前5%菁英領導者和一般管理職的不同。雖然各項條件的基礎不太一樣，但是觀察下來可以發現**前5%菁英領導者下決定的次數多了約25%，他們針對各式各樣的工作事項可以立即做出判斷。**

舉例來說，針對同一家企業內同樣職責的管理職擔負的同一個專案，前5%菁英領導者進行決策的速度比一般管理職快了一・三倍。一・三倍看似只是小小的落差，但累積下來大大減少了無謂的等待時間，效率也因此提高了不少。

這些決策當中也包含了捨棄某些至今為止的努力，或是因為重要性過低所以決定不接下某項工作，像這樣懂得適時放棄，也能減少實際執行工作的員工的負擔。前5%菁英領導者非常理解這個道理。

在做出「前進吧！」這項決定的同時，也必須做出「那另一部分就放棄吧！」的權衡取捨。前5%菁英領導者的特質就是**破釜沉舟地去判斷要做還是不做**。

世間萬事萬物皆存在許多變數，所以做決斷時必須將這些變數列為考量。就算是過去成功的企劃，倘若受環境或趨勢影響也會有所改變，並非用同樣的方法處理事情就可以得到相同的結果。即便想要模仿其他公司實行且成功過的案例，並將其運用在自己公司上，也不會有完全一樣的成果。但這並不表示應該無視過去的成功經驗，或是只能全部從零開始挑戰。

縱然如前述所說，前5%菁英領導者也**不做碰運氣的決策**。

經過多次觀察前5％菁英領導者在接受本公司訪談調查時的表現，發覺他們雖然下判斷都很果決，但**不會用像在賭博一樣的方式來做決定**。也就是說，他們不會妄想著：「好像有一點點希望，來賭賭看好了。」

經由針對前5％菁英領導者進行的訪談調查，我們還發現了**比起提高成功率，他們更注重怎麼降低失敗率**。

前5％菁英領導者都理解，在這個變化無常的時代，不應該只是照搬成功模式、直接複製它，而是要**深入了解並掌握過去發生失敗的原因，且必須避免再犯同樣的錯誤，如此一來便能更接近成功**。

所以比起聽天由命的賭博式決策，他們更傾向選擇嘗試降低失敗率。

例如，與其只是拚盡全力爭取競爭激烈的大案子，不如考慮從規模較小的案例中實實在在累積經驗和對策。也不必一心只研究成功案例，而是多方蒐集、參考失敗經驗。

試圖去探究「為什麼那樣做會導致失敗呢？」，並設法掌握整件事發生的根本結構。在發覺到第一個原因之後，再試著更深入挖掘這個原因是如何形成的。即使找不到事情的解決方法，還是能透過這次追查經驗來降低犯同樣錯誤的失敗風險。

想要降低失敗率，絕對不是靠「逃避」來解決。

多數的前5%菁英領導者都明白，比起什麼都不做、只是乾等著機會降臨，如果能**積極地向前挑戰**、**降低失敗機率**，**才有辦法離成功更進一步**。

根據統計，表明自己注重「降低失敗機率」的人，在前5%菁英領導者當中共有兩百九十一名，而一般管理職當中則有四名；竭力「模仿成功案例」的人，在前5%菁英領導者當中共有三名，而一般管理職當中則有八百九十一名（此為向一千八百四十一名前5%菁英領導者，以及一千七百一十五名一般管理職進行訪談調查的結果）。

比較「以過去成功的例子為目標，試圖靠模仿來取得成果的一般管理職」，和「追究過去失敗例子的發生原因，試著避免犯相同過錯，以降低失敗機率的前5%菁英領導者」這兩種類型的管理職之後發現，能持續拿下優異表現的，顯然是前5%菁英領導者。由此可知，試著降低失敗率才是正確的商務戰術。

前5%菁英領導者，有67%的人與團隊成員情感共享

☝藉由體會對方的情緒，建立相互信賴的關係。

前5%菁英領導者的特質是：**比起工作本身，更重視也更關心「工作中的人們」**。

他們非常注重團隊成員每個人的能力和價值觀，總是設法**統整大家的才智，讓團隊朝著同一個方向前進，以達成企業或組織設定的目標**。

雖然有些出類拔萃的前5%菁英領導者看似鐵面無情，但是實際上聽了他們的談話後，發現他們**在人際交往中多半表現出情感豐沛的樣貌**。在宴會或是公司活動中，時常率先炒熱氣氛的人也不在少數。

前5%菁英領導者不僅時時刻刻關注著局勢變化，也總是關切團隊中的成員，並將這些情報掌握在手。

他們並非總是擺出眉頭深鎖的惡魔形象，而是表現出和善溫柔的前輩模樣。雖

然在旁人眼中他們向來展現沉著鎮定的樣子，事實上他們心中總是懷抱熱忱，縝密思索著各種狀況。

持續關心團隊成員，這樣做有利於在工作上建立良好的關係。

但畢竟是人與人之間的相處，自然會有「合得來、合不來」或「喜歡、不喜歡」等問題存在。

只是，撇開性格合適與否，如果能**關注團隊成員有哪些「辦得到的事和辦不到的事」**，再**相互調度安排其他團隊成員來互補**，便能率領團隊發揮出最大的成效。

因此，前5%菁英領導者為了能充分理解團隊成員擅長的事物，他們首先做的事是**增加彼此的對話頻率**，並且**給予對方充裕的時間來表達自我**。

如果跟團隊成員對話只是單純談論事情的結果，那自己並不會因此培養出良好的洞察力，所以談話的過程中得試著挖掘**導致那些結果生成的緣由**。

前5%菁英領導者知道，**若想讓團隊以全體之力持續取得佳績，成員的心理因**

素也相當重要。根據匿名的線上問卷調查，前5％菁英領導者中有67％的人提到：

比起共享「情報」，更重視分享「情感」。

認同這項回答的前5％菁英領導者，比一般管理職高出二十一倍之多，或許是因為多數領導者都理解，在新冠肺炎疫情肆虐的這段期間，確保團隊成員擁有安全感（就算透露自己的私人愛好也能感到放心的心理狀態）是很重要的一件事吧。

無論疫情發生與否，前5％菁英領導者皆能**與他人分享情感、體會他人的情緒，並試圖去理解人類的行為機制**。

現在世界各國逐漸演變成與疫情共存的情況，這也代表著我們已經正式走向遠距辦公的時代。因此，前5％菁英領導者率先考量的是團隊間的情感共享。他們減少會議次數、增加對話時間，不僅是一般對話時間，也拉長一對一面談的時間。另外在團隊會議開始時，也會先閒聊一些跟工作無關的話題。

所謂情感共享，就是去貼近、理解對方的心情。

或許部分團隊成員會對某些不合理的事情感到不公平、不滿意；另外有些成員，則是不斷抱怨著自己無法掌控的事情。這些訴苦的內容，大部分都是沒辦法解決的事情。

但是，**試著去理解團隊成員為什麼會有這些情緒**是非常重要的。

有些團隊成員會認為，即便自己已經拚盡全力去努力了，卻怎麼也達不到理想成果，並對此感到自責，想著全部都是自己的錯；有些人則是明明沒做什麼努力，基本上能成功也都是拜別人所賜，但他們還是將一切功勞視為己物；還有些人為了不想輸給公司內部其他競爭對手，便把所有的失敗原因都歸咎於他人。

這時，前５％菁英領導者會試著貼近做出這些舉動的成員的內心，並且去思考問題發生的原因。透過這種方式，**把不平不滿、抱怨責怪的情緒轉換為邏輯思考，**試圖擺脫消極思考的循環。

就算告訴對方解決辦法，如果對方還沒做好接受他人意見的心理準備，那任何建議都進不到對方耳裡。

所以首先要做的，是透過反覆交談來建立彼此的信賴關係，**建立不管給予什麼意見回饋，對方都能接受的交情。如果永遠只是單方面交辦自己認為事情應該怎麼**

做，會讓團隊成員漸漸不再自主思考，成為一個「只會依照吩咐去做的庸才」。

我過去也曾經歷「只聽從吩咐依樣照辦的成員被視為珍寶」的時代。但是面對新時代，能自主思慮、機靈應對世事變化是非常重要的，團隊必須培養能自動自發起身行事的成員。此外，領導者也應當陪伴成員，一起思考、一起行動，建立能協力合作的體制。

這樣的體制所需要的，是**從共享情感開始發展的信賴關係**。

乍看之下，花時間和精力建立彼此的信賴關係似乎是繞道而行的做法。但若能整合團隊朝向同一個目標前進、抑制失敗時只想推責任給他人的消沉思維，並在自我反省的同時也調整行事節奏，便能使團隊的行動力變得更加強大。

前5%菁英領導者志在建立像這樣不斷取得優秀成果的健全團隊。

第二章

95%的一般領導者自認良好的工作習慣

95%的一般領導者，會把答案直接告訴下屬

╳直接給下屬解答，培養出依賴上司的下屬。
○引導解答的方法，培育出能自主思考、行動的下屬。

哈佛大學傅高義教授曾說：「Japan as Number One.」[1]。一九八〇至一九九〇年代，日本的經濟榮景牽引著世界經濟體系。當時以製造業為中心，取得成效有一定的途徑，也就是說，賺錢的方法已形成一套標準模式。只要按照市場需求，大量生產高機能產品，業績便會不斷直線上升。

在那段看重商品功能的「物質消費」時代，顧客所追求的大部分都很簡單，生產顧客需求中的最大公約數產品便能席捲全球。

那個年代，研究開發部門負責技術發明與革新，業務部門負責決定銷售方法，至於生產線上的作業員則只需依照吩咐去做事，這就是當時獲取成功的一貫標準模式。在生產線上，上司甚至會明確、強硬地指示：「你們只需要照我說的去做就好了！」因此，若是員工能老老實實地只做被交辦的事項，便會獲得極高的評價。

當時企業並不歡迎個人展現自己的創意本領，反而希望員工們能如辛勤工作的工蟻般，僅需執行被交辦的事項就好。並且，員工的評鑑基準取決於他們對公司的忠誠度、對上司的順從度，以及個人的忍耐度。

與現代相比，那時候面對的問題也都比較單純，所以只要如法炮製過去的成功法則，事情就能順利解決。

經歷過那個年代的團隊管理職，往往會把從過去自身經驗中領悟到的解決對策強推給下屬或後輩。

像是「想要提高營業額，就提起你的腳步，不管跑幾次，業務人員都得多多拜訪客戶！」這種以毅力為重的論點；或是「簡報的資料就是要放越多越好，這樣做才能展現你的誠意！」等等，好像在現代也說得通的觀點來說教。

假設真的有能提升成效的確切答案好了，但如果上司只會單純地告訴下屬解答

---

1 美國哈佛大學社會科學院榮譽教授傅高義（Ezra Feivel Vogel,1930~2020）於一九七九年出版的著作《日本第一：對美國的啟示》（*Japan as Number One*）中，分析了戰後日本經濟快速成長的因素，對日本經營發展有著高度評價。

是什麼，那也只會養成下屬不自己思考的習慣。

現今這個變化多端、難以預測的時代，需要的是能自我思考、自主行動的人才。

也就是說，要成為能「自動自發做事的人才」。

若想培育能自動自發做事的人才，那麼**只是單純告訴下屬解答的話會造成反效果。**

「為什麼那個答案是這樣得出來的呢？」

「這個解答真的是正確的嗎？」

必須像這樣提問來讓他們思考。**如果沒辦法自己制定假設並嘗試解決、掌握設定課題的能力和解決課題的能力，那便無法成為能自動自發做事的人才，**而是只會依靠上司的庸才了。

不管發生什麼事都只會去問上司，等到事情進展不順利就把錯都怪到上司頭上。**培養出這種只會依賴上司的下屬，責任全在總是立刻告訴下屬解答的上司身**

上。

一般管理職在教導團隊成員時，大多會直接指示「**這邊要這樣做**」、「**那個應該是這樣才對**」，這種**斷定式的指導**。

另一方面，前5%菁英領導者不會單純只告訴團隊成員事情的解答，而是引導對方找出解決問題的辦法。

「**你覺得為什麼會發生這個問題？**」他們會經常提出這類促使對方**自我省思**的疑問。

「**那個問題發生的原因又是什麼？**」

「**這個原因又是怎麼引起的？**」等等

反覆強調「為什麼？」，指引對方去探究問題的本質。

或許有時候也會遇到需要立即應對的緊急狀況，導致我們不得不馬上搬出過去的經驗來解決問題吧。

但是，當面臨非常重要且今後可能持續發生的同樣課題時，如果能從旁援助團隊成員、指導他們掌握解決的對策，便更容易培育出能「自動自發做事的人才」。

從旁援助，指的就是培養他們的「覺察」能力。

也就是說，對於團隊成員，應該要協助「指導」他們「覺察」設定目標的實現方法。

以釣魚為例：

・團隊間共同分享釣魚的「目的」。
・讓團隊成員思考釣魚的「實行方法」。
・以假想為基礎，實際去釣魚。
・一起回顧達成結果，並共同思考怎麼改善釣魚方法。
・為了實踐改善方法，從旁支援他們。

所謂領導者，就是必須像這樣栽培團隊成員，讓他們成為能「自動自發做事的人才」。

兩種意見回饋的技巧

	指示吩咐	協助指導
目的	習得 知識技能	協助目標 達成
職務角色	直接告訴答案	引導得出答案
提供方法	給予參考範本	透過提問， 促使對方自我省思
優點	能把事情同時 交付給很多人	培養自立人才， 提升解決課題的能力
缺點	養成被動人才	基本上是一對一指導， 需要花費較多時間

95%的一般領導者，什麼都採視覺化管理

╳為了100%掌握事情的進展，增加工作報告等提交資料。
○共享年度目標和行動目標，把實行方法交給團隊成員去處理。

受到新冠肺炎疫情的影響，二〇二〇年起，日本有許多企業逐漸開始嘗試遠距辦公。根據東京都和中央政府發布的資料顯示，設點在東京都的企業中約有25%都實施過遠距辦公。

本公司以「無論任何一個部門，至少實施過一次遠距辦公」為基準，獨自調查了八百〇五家公司，當中有87%的回答皆為「有實施過遠距辦公」。

在遠距辦公如此迅速發展的當下，反對此趨勢的，正是企業高層人士與實際負責帶領團隊的管理職。

因為沒辦法以過往的方式管理團隊，遇到什麼困難也無法立即向團隊成員提出疑問，所以他們會要求大家都進公司上班。另外，對於不熟悉3C工具的管理職來說，只想極力避免線上會議，所以想談論事情時總是把團隊成員召集到會議室中，

而且只要聽到工作進度報告他們就覺得足夠了。

根據本公司對五百〇八家企業調查的結果顯示，**有67%的管理職認為「遠距辦公降低了工作的生產效率」**。

在撤除了前5%菁英領導者進行問卷調查後，發現許多人不贊成遠距辦公的理由是**「因為掌握不了業務進展狀況，也看不到團隊成員的工作狀態，根本沒辦法好好管理」**。

在一般管理職當中，有87%的人試圖將遠距辦公採取視覺化管理，導致團隊成員的報告量增加。不只是週間報告，也有管理職會要求成員每天都要繳交工作日誌。因為他們懷疑如果在家工作的話「是不是都在偷懶」，整天疑神疑鬼。過度要求團隊成員提出每日工作報告，也過於頻繁聯絡團隊成員，像這樣的企業並不在少數。

但是，**會偷懶的人不管在辦公室，還是在家裡工作都會偷懶**。本公司針對六百〇五名員工進行調查，發現**在家工作會偷懶的人當中有94%的人即便到公司上班也**

一樣會偷懶。

人們總是想弄清那些看不見的資訊。

「不知道什麼時候會被高層董事叫去問話。」

「好想馬上知道西日本地區的業績如何。」

會有這樣不安和迫切的需求也是可以理解的。

只是，如果想將工作中看不見的部分全都採取「視覺化」管理的話，所投資的成本可能會高達數億日圓以上。

說到底，在新冠肺炎疫情以前，各位的公司就已經對所有工作項目全部採取視覺化管理了嗎？

認為只要成員在自己看得到的地方做事，團隊整體就能夠保有向心力；覺得只要成員坐在電腦前拚命打字操作，就可以提升工作績效……這些想法或許都只是你的誤解而已。

就好比團隊成員個人的努力、夥伴彼此的聯繫等等，不是所有事情都可以採取視覺化管理的。

管理職的任務，終究是去判斷成果產出是不是如原先預期的一樣。

根據本公司對七百三十四家企業調查的結果顯示，**有57%的人在工作上沒有一定的目標、終點。**

他們不知道要將什麼工作做到什麼時候結束才好，只是不斷消化著眼前接收進來的工作。這樣的話，不僅團隊成員得不到成就感，就連管理職也無法掌握工作進展。

前5%菁英領導者會以「沒辦法隨時隨地掌握團隊成員和工作進展」為前提，下定決心將行動自由和任務責任都交付給團隊成員。

他們會在一開始就定下年度目標，並且將**達成方法**寫成企劃書，然後在此年度間定期與團隊成員共同討論，確認工作**進展**。

基本上，在一起商量過**行動目標**後，便會將達成方法交給團隊成員去執行。如果是剛進公司不久的新人，則需要團隊中的其他成員適度地從旁協助。

但並不是一切都由他包辦。

前5％菁英領導者因為必須督促團隊成員自立自強，讓他們成為能夠自動自發做事的人才，所以會注意**在培育團隊成員的過程當中，要怎麼在給予他們自由（斟酌決定交付多少工作方法）和責任（達成目標的責任）之間取得平衡**。

能不斷取得優秀成績的前5％菁英領導者並不喜歡依賴團隊中的王牌級人才。

為了讓全體成員皆能拿出一定的工作水準，前5％菁英領導者會調整自己對工作項目的精力分配。例如，如果團隊中有某位成員很擅長某個領域的工作，他們就會把那個領域的工作託付給那位成員；若是團隊中有新人或是需要幫助的成員，他們則會轉而去支援那些成員。也就是說，他們會將精力花費在提高團隊的實力和結構上面。

此外，他們會**設下工作目標的數量**。舉例來說：

「把提案件數提高到去年的一・一倍吧。」

「這個月把Excel的作業時間減少8％吧。」

像這樣設立一定數值的目標，便能客觀地衡量是否有達成目標。

制定好執行目標的數量後便跟團隊成員共享這些訊息，簡短地在通訊軟體或是會議中將工作進展傳達給他們。

讓我們來比較一下吧。因為心中存在看不見團隊成員的不安，所以**增加管理項目，使用微觀管理**[1]方式的團隊管理者；以及相信團隊成員的能力，**朝著建立自動自發組織的方向努力，將自由與責任交付給團隊成員**的領導者。哪一種才能帶領團隊持續達成目標呢？想必大家已經很清楚了。

1 與宏觀管理相反。微觀管理的管理者會密切觀察及操控、干涉或監視被管理者，使被管理者達成管理者所指定的工作項目內容。

95%的一般領導者，把零碎的行程管理當作主要業務

╳為了讓工作順利進行下去，不斷確認行程與進度，並管理全部團隊成員的所有工作細項。

○接到工作邀約時，傾注最大心力去判斷是否接受，若決定接下工作，便交辦給團隊成員處理。

管理職不僅要管理團隊成員的工作時間和工作內容，還要去分配高層或上級，甚至顧客突然拋過來的工作。

一般的管理職會將上級吩咐的工作適當地分配給能處理的團隊成員，並試圖管理其進展。當然，為了在有限的人數和時間內完成必要的工作，管理工作細項和工作進展是必要的。

但是，**並非只要好好管理就一定能取得穩固的成長**。

事實上，根據我們對管理職一週內的工作情形進行調查的結果顯示，有42%的

人每天都會查看工作清單至少三次以上。

他們會不斷確認工作清單，想要管理團隊全體事務。如果發現工作進展不順利，就會鼓舞團隊成員；如果有團隊成員順利完成工作了，就會讓他們去支援其他成員。

像這樣的工作項目管理的確是有必要的。如果不這麼做，或許很難達成團隊的目標吧。

但是，這雖然是**必要條件**，卻不是**充分條件**。

比起工作細項管理，前5%菁英領導者更會耗費精神去判斷「要接下這份工作，還是不接下這份工作」。

根據我們針對「有超時工作情形」的十八家企業進行的調查結果可以得知，**判斷「是否要接下工作」的這個舉動，大幅決定了之後是否需要超時工作的機率**。

舉例來說，如果勉強接受了**結案期限很短的案子**，那麼不管再怎麼努力也無法避免超時工作的情況發生。

前5%菁英領導者擁有不接下工作的勇氣。但他們並不是秉持著「完全注重成果主義」這種鐵血無情的思考模式，而是做好心理準備，**抱持著覺悟、盡力避免去執行沒辦法產出良好成果的工作**。

前5%菁英領導者在決定是否接下工作後，多半會將工作進度和製作報告書委任給團隊成員。

要知道，如果管理職沒辦法和團隊成員建立良好的人際關係，便會使自己的工作量加重。

在日本和韓國，兼任執行和管理的人，與其他國家相較之下多出非常多。他們在白天和團隊成員一起執行同樣的業務，等到晚上或假日又開始獨自做起管理職的工作，整理數據資料，以及製作報告書。

像這樣**兼任執行和管理的管理職**，**雖然知道這麼做會使團隊全體的工作表現能力下降，但為了完成眼前的工作細項，他們會認為自己動手下去做還比較快**，所以經常把事情攬下來做。

在企業組織中，想要達成目標最重要的關鍵，就是**團隊成員需具備獨立自主的**

精神。

如果希望能打造一個不用領導者親自出手就能自然而然提升成效的團隊，那讓團隊成員動起來做事就非常重要。

前5%菁英領導者因為自己的工作能力本身就很強，所以很多事都可以靠自己辦到。

但是，為了達成企業組織的目標、打造一個能持續取得優秀佳績的團隊，他們的策略是盡量不去參與執行工作。

接下工作之後，耗費大量時間去管理工作細項的管理者；以及擁有是否要接下工作的判斷力，並徹底提高工作效率的領導者。相較之下，兩者取得的成果會不同也是理所當然了。

95%的一般領導者，在每週報告上花費大量心力

╳在週報內容中整理了團隊的成果，向上級或高層展示。

○誰都能掌握團隊工作進度，並根據實際狀況來安排接下來的行動。

我們調查了規模不同的企業後發現，員工人數超過一千名的大企業在週報製作上需要耗費大量時間。首先，針對一百八十七家員工人數五百名以下的企業進行調查，結果顯示每名員工在製作週報上所花費的時間約為一週一．一小時。而相較之下，大企業在製作週報上所花費的時間則多出兩倍以上，達到二．七小時。

更進一步深入調查後發現，在大企業當中，許多中階管理職需要整理每名團隊成員的週報，抽出當中重要項目，向上司或公司高層報告週報重點。

通常為了讓報告書更清楚、好理解，資料越精簡越好。可是很多管理職為了向上級展示自己團隊的成果，他們會製作**塞滿大量文字的報告書**。

甚至在某製造業中，一名管理職會每天不斷對團隊成員提出「這個處理得怎麼

樣了？」、「那個是怎麼回事？」等等，這類強硬的質問。

這名管理職幾乎把一週大部分的時間都耗費在整理週報上面了。

即便花了那麼多時間製作週報，**實際上這些內容沒有被全部看完的事例是多不勝數**。

根據我們對十八家企業進行的訪談調查得知，他們製作的**週報中有23％的內容是完全沒有被任何人閱覽的**。

也就是說，就算管理職每週耗費一半以上的時間整理週報，其中有23％的資訊沒有被其他人接收到。

為了能以各種情報為基準去判斷公司的經營方針，理應需要從各個職位蒐集不同的資料與訊息。但是**100％蒐集情報的作法並不切實際，這樣做會導致各個職位的員工感到疲憊不堪**。

那麼我們是不是該考慮一下，為什麼還需要整理這些左耳進右耳出的情報呢？

在這個世事變化那麼快速的時代，**每週詳細說明這些變動真的是必要的嗎？**

與其每週接收報告，不如說高層更渴望能隨時得知工作現場的狀況。

為此，如果想無論何時都能了解各部門業績或每季度目標達成率等工作情況，必須建構一個**即使沒有週報，也能隨時掌握這些進展的狀態**。

不需要導入大規模的系統，只需要將**工作進展**，以及**在工作中學到的知識或觀察到的事物**，保持在一個誰都看得到的狀態就好，如此一來便不需要週報了。

本公司從二〇一七年二月開始便禁止員工製作週報了。**我們會按照不同的專案去開設商務通訊群組，並隨時讓大家看到工作進展。**而業績或是商談的進度等資訊，則可以透過**SFA（銷售自動化系統）**和**BI（商業智慧型工具）**即時查看。

為了製作週報，耗費大量精力的管理者；以工作現場所學為根基，去設計安排下一步行動的領導者。哪一個才能得到公司高層的信賴呢？

95%的一般領導者，在例行會議上占用七成的時間發言

×比團隊成員更常發言，讓會議的參加者成為旁觀者。
○為團隊成員製造發言機會，全員把會議視為與自己有關的事。

根據我們對五百〇八家企業進行的調查結果發現，員工每週的工作時間當中，共有**43%的功夫都耗費在公司內部會議上面**。

在這些公司內部會議當中，**約有六成都是共享資訊的會議**。而在這些共享資訊的會議當中，又有約四成都沒有訂好議程，甚至許多與會者參加會議的目的只是「為了出席這場會議」而已。

各企業組織當中，每週都需要召開例行會議，以確認工作進展和工作細項。

但是，如果例行會議的主要目的是**為了讓率領團隊的管理職掌握整體工作情況，那效果實在有限**。在會議中輪到成員自己能發言的機會到來時，常常早已等了四十到五十分鐘之久，如果僅僅被告知這場會議要報告彼此的工作事項，那只會**讓**

團隊成員聽不進會議內容，對接收到的資訊左耳進右耳出。

像這樣流於表面形式，管理職為了自己想掌握團隊工作狀況便召集成員開設資訊共享會議的話，只是在浪費時間而已。更糟糕的是，這種例行會議往往從開頭就有如管理職的個人演講發表會一樣。不僅虛耗大家的寶貴光陰，還把例行會議當成自己的私人展示大會。

如此一來，實在學不到也得不到任何東西，更沒辦法把會議中的資訊有效運用在之後的工作表現上。

本公司針對各企業客戶的線上會議進行了八千小時以上的錄音、錄影紀錄。會議制度以六十分鐘的例行會議為最多數，共占了全體的81%。在這些例行會議之中，共有四分之一的會議裡，管理職會占用七成以上的時間發言。

並且，這些例行會議著實成為**非本職工作的溫床**。

雖然沒辦法明確認定這兩件事情有所相關，不過在線上會議中有很多人會在底下做與會議無關的工作，有很大的可能性正是因為所參與的是例行會議的關係。

誠如第一章所述，前5％菁英領導者說話精簡又俐落。這麼做的目的是為了能抓住重點，將關鍵部分準確地傳達給對方。相反的，一般管理職在表達時總是以表現自己的想法或感情為優先考量，不太在乎周圍的人有什麼反應，只是單方面地說個不停。

- 溝通的目的是將想法清楚傳達給對方的前5％菁英領導者。
- 總是自顧自地喋喋不休、不管他人怎麼想的管理者。

這兩者間的差距，將會在**會議之後各自帶給團隊什麼樣的影響**，也是不難想像了。

歸根結柢，如果召集大家開設會議，卻沒辦法讓參與者衍生之後的行動，那可謂一點意義也沒有。

因此，管理職不應該占用七成時間說話，而是應該讓團隊成員**更加自覺地主動發言**，不然就算會議結束後也無法產生相應的行為改變。

比起能言善道，不斷取得卓越成績的前5％菁英領導者更善於傾聽。

他們知道，若是想要提振團隊成員的精神，更好的方法就是讓成員多多發言。前5％菁英領導者都擁有「自己的職務是引領團隊向前」的自我意識，所以會在共享情報和提出構思（腦力激盪）方面退居一步。為此，他們也傾向**將會議的進行程序託付給團隊成員**。

另外，他們**在會議中也會將判斷權交給團隊成員**，**讓他們累積實際經驗**，打造成為一組最強的團隊。

請務必重新審視例行會議本身的作用，並且試著再度去理解各位的職責，讓例行會議能像前5％菁英領導者所實踐的一樣，成為**團隊成員願意主動開口**的會議。

95%的一般領導者，以私人情緒管理團隊

╳對工作結果感情用事地加以責怪，沒辦法和團隊成員建立信賴關係。

○比起工作結果更注重建立彼此的關係，試圖建立合作互助的模式。

有時候為了讓對方自主行動起來，跟訴諸「理論」相比，展現「熱情」或許會更有效。

根據我們對四百〇五名企業高層進行的訪談調查顯示，有78%的人認為自己「比起理論，更常以情感決定事情」。雖然他們也會根據投資報酬率或市場預測數據等較具邏輯的資訊去做判斷，但有時候也會受提案者的人格特質或熱情影響。

現今這個資訊爆炸的時代，很難獲取100%完全準確的情報，為了理論武裝[1]而亂槍打鳥蒐集大量資訊並不是一種有效率的做法。多數企業中的高層會橫下心來，以蒐集到的情報為基礎，最終憑藉直覺或情感來做決策。當遇到很難完全依靠理論

1 為了不讓自己的立場和主張遭受別人批評，準備多種理論來對抗，以免被反駁。

行事的狀況時，有不少人都會將直覺和情感納入判斷的考量。

前5％菁英領導者在**面臨這樣的決策狀況時，都擁有能自己採取行動的對策**。衡量的重點不光是自己覺得滿意就好，他們**習慣訂下蒐集七成左右的情報後就起身行動的準則**。

先進行一部分之後，**當發現問題時，會選擇做出修正或乾脆抽身不做**。

另外，也有部分的人會在事情無法順利進行下去的時候感情用事地遷怒團隊成員。雖然能理解人在不順遂時總會有些負面情緒，但如果因為這樣就想將情緒發洩在下屬身上的話，不僅毫無道德，也會對企業帶來不良影響。這樣的舉動足以被稱之為職權騷擾。

實際上我們也遇過這樣的管理職，並在其與團隊成員的一對一面談中錄下了雙方對話的影片。

在一般的管理職當中，有些人會在確認團隊成員的工作成果時，當得知對方沒達成預設的目標後，第一件事就是先開始責備對方。「你就是因為這樣才做不好嘛」、「結果還不是失敗了」、「明明不管怎樣都想成功的」，一般的管理職會脫口說出這些不會從前5%菁英領導者口中聽到的**消極語言**。

確認團隊成員彼此的工作成果固然重要，但是單方面責怪失敗的人並不是上策。這時候應該做的，是**思考對策、想想如何不再犯相同錯誤，以便應對下一次的挑戰**。

如果在團隊成員失敗時加以斥責，**對方就會感到畏懼而不敢輕易發言，雙方即形成明顯的上下階級關係**。此後，下屬便會**為了避免上司發怒而變得被動**。

若因為不想被罵，而導致成員只會去做被吩咐的工作，那麼他們**思考的實質內容**就不會有所改變。不僅完全按照上司所說的行事，有時候甚至會欺騙上司，交辦的事情還沒做卻說自己「已經去做了」。

像這樣明確地區分出上司和下屬的階級關係，會使得雙方遇到問題時傾向選擇互相隱瞞。

就如同企業中會發生情報洩漏或違反規定的事，很多時候都是因為不信任彼此的關係所造成的。

對企業組織來說，若團隊成員沒辦法自主改變想法和行動，則不可能產生良好的結果。

如果靠威嚴來控制對方，可能暫時可以支配對方。但是，對於因為恐懼而被擺布的團隊成員來說，無法成為能自我思考、自主行動的人才。這樣下去，想要組建一個能不斷取得優秀成績的團隊可說是難上加難。

前5％菁英領導者為了打造自動自發的團隊，**最重視的不是成果，而是努力與團隊成員建立良好的關係**。他們會**建立一個與團隊成員對等的關係，成為能一起思考、一起行動的合作體制**。

在此基礎上去回顧團隊的工作成果。如果事情進展得不順利，便**共同思考問題發生的原因**；如果進展得很順利，便共同確立能再度取得成功的機制。

佼佼不群的前5％菁英領導者認為，**雙方對話的起點不應該從事情的結果開始說起，而是要先建立彼此的關係**。

雖然我們都知道在自我決策時，有一定程度會受情緒影響，但是在與團隊成員建立關係的過程中，如果想用情緒壓人、讓人聽話的話，並不會有良好效果。

第三章

前5%菁英領導者所實踐的8個行動準則

準則1　不只依靠幹勁

確立不只是靠幹勁來推進工作任務的方針。

提高工作效率最重要的動力來源就是幹勁，也就是說，要有動機才會想展開行動。但是我們也必須理解，像這樣的心理狀態是不安定的。

前5％菁英領導者為了達成團隊目標，會制定最適當的工作流程，但是這之中並不包含「參與計畫的員工是否擁有幹勁」這項要素。

換言之，「如果團隊成員沒有幹勁的話，這個工作流程就沒有辦法成立」的概念，是因為考慮到計畫的風險和不確定性都太高，如果不將成員的幹勁列入考量會有點難辦。所以，想要解決這個問題的話，就必須編列一套即使沒有幹勁也能實踐的工作流程。

若是能實現「直到該做的工作項目都成功做完為止，不會輕易停下來」的話，便能不依靠幹勁順利進行這項計畫。

要打開「幹勁的開關」，需要內在動機。而這個「幹勁的開關」又存在於每個人各自感興趣的事物當中。

但是在執行工作任務時，團隊成員常常得面對那些自己平時不感興趣也沒怎麼關心的事物。

回顧以往我曾參與過的五百八十五次謝罪拜訪，以及每個月整理收據的經驗來看，人時常都是毫無幹勁、不情願地處理著這些工作。

可以不依靠幹勁而制定能夠切實完成工作計畫的人，就是前5%菁英領導者。

舉例來說，不管有沒有幹勁，只要**把工作時間區分成每個階段只做四十五分鐘，那就可以防止消耗過多體力和精神**。

為團隊成員設立稍微高一點點的目標也是同樣的道理。如果目標設定得太低的話容易鬆懈，但目標設定得太高的話又容易失去鬥志。

前5%菁英領導者的特性是，他們會設立猶如墊著腳尖就近乎能觸碰到的適切目標。

除了透過與團隊成員的日常對話去發掘每個人的能力和潛力，為成員設定**發揮**

極限便有可能達成的目標，他們也會從旁給予成員協助，引導成員實現這些目標。此外還會安排**「進展20%」**的檢查點，並在那個時間點給予意見回饋。這樣做的話，不管團隊成員原先是否有幹勁，都會打起精神來。

如果能以進展20%的時間點來修正委託方與受託方之間的認知差距，那之後諸如退件或重做這樣低效率的工作也會跟著減少。實際上，以進展20%的檢查點來制定工作計畫的前5%菁英領導者當中，有74%的人成功減少了被退件重做的狀況。

根據這樣的安排，前5%菁英領導者可以確保團隊不用依靠幹勁，就能實實在在地向前邁進。

準則2　靠團隊的力量解決問題

讓1×1＝5，持續達成工作目標。

前5％菁英領導者非常明白自己身為團隊領導者的意義是什麼。

當他們被問到「請問你的存在意義是什麼？」、「請問你理解你在公司應該發揮什麼樣的能力嗎？」有83％的人都立即給出了答案。

前5％菁英領導者捨棄了諸如「怎麼做才能建立好團隊？」、「怎麼樣才能解決問題？」這類以**「HOW」（如何）**為考量依據的想法。

他們首先考慮的是**「WHY」（為何）**。

前5％菁英領導者總是傾向先考量**「為什麼我會是這個團隊的領導者呢？」**、**「為什麼團隊需要我呢？」**，像這樣思考怎麼回應公司或他人對自己的期盼，或是**「為什麼必須致力於這件事呢？」**這類關於**意義或目的**的問題。

說得更清楚一點，團隊中的領導者需要做的是「結合團隊的力量來達成目標」。

為什麼需要靠團隊呢？因為單單一個人的力量是沒辦法解決團隊問題的。而且，假如每個人都各別做著自己的工作，那便無法達成企業或組織的整體目標。

隨著科技進步發展，僅靠一個人也可以輕鬆在家辦公，運用智慧型手機等工具也讓工作變得更方便快速。不用特意全體員工都在早上九點到公司出勤，也不用刻意集合在同一個場所碰面，每個人都可以各自在不同時間和地點進行作業，甚至也提高了個人的工作效率。

另一方面，世事變化如此劇烈，需要解決的問題變得錯綜複雜又龐大無比。顧客的需求更加複雜，社會的課題也越發龐雜，解決的方法同樣也越來越繁雜。

如果只按照既有規範去應對的話，並無法立即解決顧客的問題。

那麼，「靠團隊去解決」是什麼意思呢？

就是說，**必須有效運用團隊成員每個人的強項和弱項，以最快的速度解決複雜難題，即讓「1×1」成為3甚至5的功效**。

在追求「短時間取得高成效」的當今現況中，「速度」也是很重要的一環。比起每個人都各別做著自己的工作，不如調配結合各自的優缺點，讓原本需要三個人做的工作改由交給兩個人就能完成；或是將原先一個人要花三小時進行的作業交付給他人，讓更擅長的人在十分鐘內就完成。

團隊中的領導者所需的，正是以最大限度提高效率和效果為目標，追求在更短的時間內取得更大的成果。

如果單純認為「有達成目標就好」是不行的。

以歐美企業為中心發展的「工作型雇用」所使用的人事評鑑制度，便是為了達成目標而制定的評鑑制度。

導入工作型評鑑制度的日本企業也正逐漸增加當中，不過根據本公司的調查，在四百〇三家企業中，共有64％正在重新審視工作型評鑑制度。

從另一個層面來看，這種將結果視為第一的評鑑制度也存在著漏洞。

例如，假設只要達成目標就做什麼都可以被允許的話，很容易造成違反規定或是職權騷擾的情況發生。

另外，倘若認為只要達成短期目標就好的話，那就會過於依賴某些員工的個人工作能力。前5％菁英領導者終究不喜歡**過度仰仗特定的人事物**。

此外，如果只重視結果的話，團隊成員間便會產生競爭關係，導致出現許多彼此會互相扯後腿且不願與他人配合的成員。

不過，與「工作型評鑑制度」相對的「員工能力型評鑑制度」，也存在著些許問題。

日本的企業大多採行以長期雇用、長期培育為前提的員工能力型評鑑制度。在過去以製造業為中心發展的高度經濟成長期，「品質」才是造成彼此差異的主要因素，所以日本的企業多數以長期培養具備獨立作業能力的熟練員工為首要目標。

為此，設立了到退休為止都持續雇用的「終身雇用制」、根據年齡提高薪資的「年功序列工資制」，並且為了改善勞工雇用環境而在公司內部成立工會。

雖然這些日本特有的雇用慣例讓日本變得強大是事實，但是在此情況下，即便員工無作為也不會被開除。甚至隨著年齡增長能拿到更高的薪資，也是讓人工作幹勁下降的主要原因之一。

說得極端一點，日本也曾經歷過員工一整天都待在吸菸室偷懶也不會被責問的時代。

而且因為重視人際關係，員工之間很容易「過於親密」，以致形成較具相同性質而不多元化的小圈子。

也就是說，員工能力型評鑑是相對不看重目標達成的制度，許多日本企業認為這就是阻礙公司成長的原因。

根據我至今針對八百多家企業的人事評鑑制度提出建議的經驗，我認為若是能**將工作型和員工能力型這兩種制度加以整合**，對培育員工來說有著非常大的幫助。

階級型團隊與主動型團隊的不同之處

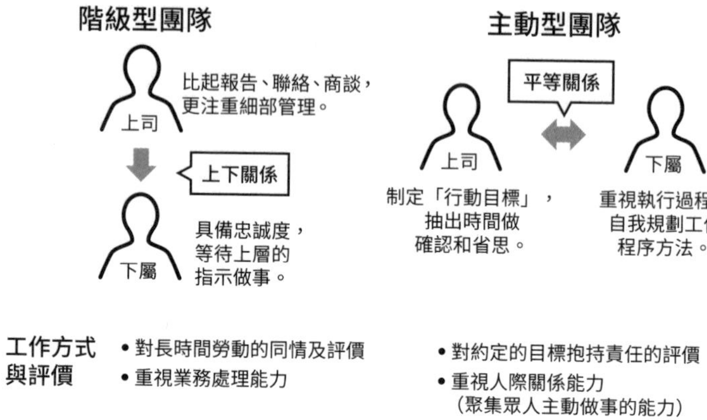
階級型團隊
上司
比起報告、聯絡、商談，更注重細部管理。
上下關係
下屬
具備忠誠度，等待上層的指示做事。
主動型團隊
平等關係
上司
下屬
制定「行動目標」，抽出時間做確認和省思。
重視執行過程，自我規劃工作程序方法。
工作方式與評價
• 對長時間勞動的同情及評價
• 重視業務處理能力
• 對約定的目標抱持責任的評價
• 重視人際關係能力
（聚集眾人主動做事的能力）

而**將工作型和員工能力型整合的想法加以實現的，正是前5%菁英領導者。**

順帶一提，當被問到「你認為工作型和員工能力型哪一種人事評鑑制度比較好？」這類比較含糊的問題時，前5%菁英領導者當中有61%的人覺得工作型比較好，而一般管理職則多了一些，共有74%的人覺得工作型比較好。

出乎意料的是，**相較之下認為「員工能力型比較好」的前5%菁英領導者的比例比一般管理職還要高。**

能持續取得傑出成果的前5%菁英領導者竟然有這樣的想法，頗令人感到意外。

同時，我們也得知前5％菁英領導者並不只是想單單幾次獲取成果就好，而是以**「不斷拿出優秀成績」**為目標。

如果僅僅追求短期成果，那去協助有能力的成員就有可能實現團隊目標了吧。但若希望混合了年輕菜鳥和職場老鳥的團隊能接續取得傑出成績，即便是沒什麼經驗的新人，也該給他一點機會去拿出成果。

另外，前5％菁英領導者認為，就算優秀的成員離開了，也不能因此讓團隊崩解為一個拿不出成績的組織，他們非常看重此事。為此，前5％菁英領導者傾向結合工作型和員工能力型這兩種評鑑制度去做考量。

並非「只在短期內取得成果」，**而是「長期持續地取得成果」**。這就是前5％菁英領導者在企業組織中所發揮的作用。

準則3　樂於接受團隊中各種能力的成員

使團隊成員的能力相輔相成，提高團隊整體力量。

為了解決複雜難題，並朝著持續拿出好成績的宏大目標前進，前5%菁英領導者要做的就是**「整合不同性質的成員」**。

首先必須牢牢掌握團隊成員每個人的特性，將大家的優勢與劣勢相輔相成，持續在更短的時間內取得更大的成果。

排除前5%菁英領導者，我們在線上問卷中向其他管理職提問：「在工作安排管理上最重視的是什麼？」有71%的人回答：**「最重視團隊中每個人的能力（全體性的組織能力與手腕）。」**

也就是說，**他們大多會將焦點放在團隊成員的優勢上面，根據每個人不同的強項去分配彼此的工作及安排細項行程。**

反之，前5%菁英領導者則是能好好理解，並整合團隊成員「辦得到與辦不到」的事情。針對前述同樣的提問，回答**「會重點關注團隊成員不擅長的項目」**的人竟高達77%。

一般的管理職**重視團隊成員的強項**；前5%菁英領導者則**關注團隊成員的弱項**。

經由調查之後我們判明了這項差異。

接下來我們更進一步追查：**為什麼前5%菁英領導者會特別留意團隊成員的弱項？**

因為單憑線上問卷較難得知詳細原因，所以我們實際拜訪他們並聽取他們的意見，也透過線上會議進行訪談調查。

我們在他們發言時錄下聲音及影像，並運用ＡＩ技術針對他們所說的話進行文本探勘，分析各項數據。

於是發現他們的發言中最常出現的是：

配合、**重新部署**、**替換**、**改組**、**彌補**等詞語。

以數學符號來看，這正代表著「×（相乘）」的意思。

也就是說，前5％菁英領導者經常思考著**要將哪些要素相互搭配**、**變更**、**置換**。回頭看之前在線上問卷中他們提到會注重團隊成員的弱項，並以此安排管理工作行程，嘗試「將弱點相乘」、「替換掉弱項」，由此我們得出了這樣的假設：

「或許前5％菁英領導者是在充分理解團隊成員的弱項之後，將擅長這項工作的其他員工調配過來，取代原先的位置」、「那麼他們是否借助了擁有強項的員工的幫助呢？」

我們在對前5％菁英領導者進行訪談調查時，向他們提出以下假設：「是不是為了彌補團隊劣勢才去掌握各成員的優缺點，並借助能力比較強的成員來填補團隊的不足？」

意料之外的是，他們的回答是「No」。

他們並不是想利用優秀員工的力量去彌補業務處理能力低弱的員工，而是**去了解優秀員工的弱點，並借助其他成員的力量來補足這項弱點**。因為如果是優秀的員工，你就算放著不管他，他也會自己成長。若能將他們的能力提高兩倍、三倍，團隊全體的能力也自然會跟著提升。

也就是說，他們所考量的，是要**充分掌握傑出成員的弱項，並運用其他成員的力量去補足這些弱項，讓傑出成員的工作成效能提高兩倍、三倍**。

雖說如此，他們也不是對能力比較差的成員不屑一顧，而是去了解他們的長處，並努力發揮他們的才能。

倘若讓團隊內能力較差的成員替優秀成員做一些他們不擅長的工作，那麼他們想要被認可的慾望也會受到刺激，並意識到應該提升自己的能力，進而發揮自己的長處。

當然，確實也有必要提高年輕新人的基礎能力。

只是如果把所有精力全都投注在這件事情上面，那並無法幫助團隊持續取得好成績。

為此，前5%菁英領導者與人事部的教育訓練主管建立了良好的合作關係。

前5%菁英領導者當中，有65%的人會每三個月一次與教育訓練主管商談。他們會將工作上所需的基本技能交由教育訓練主管去完成，而自己則著重於持續達成團隊目標，並實踐自己應該為團隊成員培養的其他能力項目。

將一些基本技能的訓練和研習講座交辦給教育訓練主管；經由累積實務經驗而提高業務能力的ＯＪＴ培訓[1]則由實際參與工作現場的領導者負責。像這樣透過分工進行便能更有效率地培養年輕新人。

盡力**掌握各團隊成員的強項和弱項、了解並調配每個人不同的能力，便能補強優秀成員的短處，**進而取得更佳的成效。此外，**將培訓年輕新人基礎能力的工作交給教育訓練主管，根據團隊內的優勢及劣勢加以安排整合，**也能改善團隊間的人際關係。

這就是前5%菁英領導者的工作手腕。

準則4　不成為過於克己的工作狂

讓身心和時間都更加從容有餘裕，增加工作效率。

以往曾經有過認為下屬要在上司背後跟著他們的腳步才能隨之成長的時代。那是個上司的執行能力壓倒群雄，只要跟著模仿就能取得相同成果的時代，距今已有二十多年了。

不少員工是因為擁有出色的工作技能才得以晉升為管理職，所以即使當上管理職後，也在負責管理工作的同時又兼顧實務工作。像這樣兼任兩方職務的管理職，在創造個人成果的同時，也擔負了整合團隊全體的職責。

但是，如果一心想追求提升自己的實務能力，那就會導致帶領團隊時有所懈怠。

1 在職訓練（On the Job Training），通過職場實務進行的員工教育訓練，簡言之就是「在工作中學習」。

基本上，前5％菁英領導者設定的目標是，打造一個成員不會依賴他人，並且總是能自我思考、自主行動的共感團隊，所以他們並不追求自己必須成為一個工作實務技能很強的人。雖然兼顧實務與管理兩項職務的前5％菁英領導者當中，也的確有人取得了突出的成就，但這樣的成就歸功於整個團隊的力量。

前5％菁英領導者非常理解，磨練自身的實務能力終究是有局限的。

因此，他們所需的不是讓團隊成員跟在自己背後看著自己努力的身影，並對他們喊著「跟著我的腳步走就對了！」這樣的領導能力，而是**能夠引導團隊成員走往正確方向的領導能力**。

如果總是讓團隊成員知道自己會熬夜整理資料，或是刻意透露自己休假日也會到公司上班，像這樣展示律己甚嚴的工作狂姿態反而會造成反效果。

前5％菁英領導者在做實務工作時，常常會因為分泌腎上腺素而使情緒高漲，導致過於專心工作而忘記時間。但因為基本上他們都很喜歡工作，所以只要還有時間，也還有精力，他們就會一直繼續做下去。

可是長時間工作不僅不符合日本現行的勞動法規，想要在這個被稱之「人生有一百年」的時代下長久維持健康，也不是理想的做法。

因此前5%菁英領導者會**為工作設下時間限制，並將精力集中在這段時間內，以取得最大的成果**。

與過去不同，並非只要完成手邊該做的工作，成績就會直線上升。現在必須依照自己的想法積極採取行動，並根據不同的狀況去修正這些行動，這樣做才能更接近成功。

總而言之，前5%菁英領導者清楚知道，**拚死拚活地埋頭苦幹帶有風險；而冷靜、機靈地將精力傾注在重要的工作上則會帶來成效**。

因此他們絕對不會特意宣揚自己在工作上有多麼努力、多有毅力，倒不如說他們認為這樣的行為實在過於俗氣。

就算正汗流浹背地努力工作著，他們也會將身影隱藏起來、不讓團隊成員看到。

因為他們認為若是讓團隊成員見到自己過於辛勤工作的姿態，反而會**帶給成員壓力，導致成員產生畏縮退卻的心理**。

不刻意宣揚自己的努力，也能為團隊成員間的關係帶來良好影響。

為了讓團隊成員能輕鬆地向自己搭話，前5%菁英領導者首先會**保有身心和時間的餘裕**。

例如在晨間聽一些音樂，調整自律神經，留意自己的精神狀態，不讓情緒過於煩躁。

也有不少前5%菁英領導者會培養散步或慢跑的習慣，透過有氧運動來調整自律神經。

他們都明白**早上剛起床時是影響一整天情緒最重要的時間**，所以會為此付諸行動。

除了早上以外，他們**在工作時間內也致力於培養從容的精神狀態和保有充裕的空閒時間**。

好比說，他們會將例行會議由原本的九十分鐘更改為七十五分鐘，或是由原本的六十分鐘壓縮為四十五分鐘。藉此創造緩衝（充足寬裕的）時間，同時也能讓身心狀態保有從容不迫的餘裕。

前5％菁英領導者留心於**減少會議並增加對話**，所以他們非常重視**會議後的緩衝時間**。

他們會呈現讓團隊成員能輕鬆問出**「現在方便說話嗎？」**的從容餘裕，透過放鬆自在的談話來確認團隊成員的身心狀態。

經由這些調查我們可以得知，前5％菁英領導者都能領會到：如果一味地展現自己以高度紀律工作的樣子，反而會造成反效果。因此最優先該考量的，是保有身心和時間的餘裕。

準則5　把事前疏通的工作具體結構化

將公司內部利害關係的協調方法建立模式，讓工作能更迅速完成。

公司內部出現各種不同的意見是很正常的。

特別是在併購了許多公司組建而成的大企業中，員工根據原先所屬公司而形成派系，彼此之間互相扯後腿、阻礙其他派系發展的事例也不少見。

在這樣複雜的人際關係中，團隊的領導者必須協調整合各方人士，讓團隊朝著同一個方向前進。

首先必須仔細思量公司內部反對派和贊成派之間的平衡和雙方的利益，再將其安排投入工作中。在員工數超過一千名的大企業中，如果不好好安撫總高喊著：「喂！沒人在聽我說話啊！」的棘手人物，那之後也有可能會遇到申請文件不被批准的情況。[1]

我不喜歡用「協商」這個方法來決定事情。**為了協商，公司內部的會議時間會**

因此被拉長。

前5%菁英領導者為了讓組織好好運轉，會**將公司內部員工的權力平衡、出身背景、積極度、人脈等資料整理成手冊或簡報檔案，以此為依據去安排人力及工作項目，如此便能以一定的模式將相關工作流程的資訊結構化。**這樣的做法跟試圖用熱情與溝通能力去突破瓶頸的前5%菁英員工不同。

為了說服老是咆哮著：「喂！沒人在聽我說話啊！」的難纏管理職，所制定的策略必須從根本下手去做事前疏通，**要讓對方感受到你對他充滿興趣與抱持關心，並且透過真誠地展現自我來讓對方卸下心防。**

不管是事前疏通，將解決的流程資訊具體結構化；還是費盡心思地去整合、協調各方意見，團隊成員都會把這些作為看在眼裡。

---

1 為了節省會議時間，日本企業內會由承辦人員製作簡易文件並交給相關人員核准，多半用在採購或招待客戶上面。

當遇上公司內部利害關係的協調狀況不佳而感到苦惱時，多數人會想尋求上司的幫助，希望上司能給予建議。

一般的管理職會說出：「加油喔！不要放棄。有什麼事都可以跟我商量喔！」這樣不知到底是在鼓勵還是在逃避的曖昧意見。

而前5％菁英領導者則會**讓團隊成員參考事前疏通協調所需的結構圖或筆記，並給出具體的建議及處理對策**。

「假如團隊成員正在煩惱時，馬上就告訴他們解答的話，他們便不會成長。」雖然這也是事實，但是當情況危急時，如果能將「給他們參考結構圖」作為一種解決方式，那團隊成員也能學習到尋找解答的方法。

前5％菁英領導者總是思量著如何達成團隊目標，並且認為適當地共享情報與教導成員是非常重要的事。

準則6　不僅告知，還要好好傳達讓對方理解

認為溝通的目的是能與對方共感情緒、共創未來。

前5％菁英領導者與他人交流時有個明顯的特點，就是他們希望溝通**不只是單方面「告知」，而是要「傳達」讓對方理解**。

一般員工或一般管理職與人交流時僅注重「告知」自己想說的就好，這就是以發訊者為主軸的單向溝通。

如果只是單方面告知對方自己想說的話，往往會造成內容冗長，資料的文字量也越來越龐大。像這樣就是僅以自我告知為目的，而把對方的反應放在次要位置的溝通方式。比起對方有無理解內容，這種做法就是將「自己是否都把想說的話說完了」當作任務是否完成的首要指標。

另一方面，前5％菁英員工和前5％菁英領導者在與人交流時則以**「傳達」溝通**作為主要宗旨。

他們希望能將自己的想法好好地傳達到對方心裡，讓對方產生共鳴，進而照著

自己的想法行動，並且認為有做到這些要點才算完成任務。

雙方的溝通是否成立，**並非「對方有沒有在聽自己說話」**，而是「**對方能不能理解自己所說的內容並付諸執行」**。

「傳達」溝通，是**將收訊者視為主體**的交流方式。

對方想喝咖啡就端出咖啡；對方想喝水就拿出水來。

為了促使發訊者和收訊者之間形成雙向的交流，也要讓對方說說自己的想法。

某家製藥公司的前５％菁英領導者非常重視業務工作中的問答環節。

他們會在業務推銷的最後安排問答時間，讓顧客諮詢。

不單單是聽取意見就了事，而是考量到當回應顧客的疑問時，便能引發對話，如此一來也更容易產生**共感與共創**。

問答環節的確能促進彼此對話的時間。

過去我們協助某家ＩＴ企業的線上定期研討會時，發現了參加者的提問數和研討會開設後九個月內的訂單量有著密切關聯。

在線上研討會中提出疑問的參加者們，於九個月內下單購買服務的機率會提高。如果問答環節能活躍進行，就不會形成只有主辦單位單方面向參加者說明的局面，而是能激發雙方對話，如此一來也更容易讓參加者有所行動。

前5％菁英領導者像這樣從對話中引導出共感與共創，並將其連結到商務談判的業務手法可說是非常合理。

值得注意的是，也有**發訊者和收訊者的目的不一樣**的時候。

發訊者心中想的通常是**想要說、希望能傳遞、期盼對方有所行動**；收訊者或者顧客心裡想的，則有可能是**不想被推銷、不希望被騙、只是想再多了解一點而已**。

為了讓收訊者轉換這樣偏向消極的念頭，前5％菁英領導者做了一項行動實驗。他們在線上會議或線上商談中，試著將視訊鏡頭調整到與自己眼睛同高的位置，並有六成左右的人盡力把自己的視線配合上對方的視線，另外在對方說話時也會大幅度點頭表示共鳴。

這就是「既然上司都與我們推心置腹、坦誠來往了，那我也敞開心扉說說自己的想法吧」的互惠原則。

前５％菁英領導者都理解這個原理，所以時常會突然聊起一些微不足道的日常話題。

對比看看這兩種性格吧。目的是**向對方告知情報**的管理者，以及目標為**誘發對方行動**的前５％菁英領導者。哪一個才能讓團隊成員產生共感，並且交出漂亮的業績呢？當然絕對是後者了。

準則7　必須先下定決心，選擇對某些事放手

先決定「要放棄什麼」，才能迎接新的挑戰。

管理職的業務繁忙，每天總是會收到許多電子郵件，並對行事曆中填滿的公司內部會議時間感到苦惱。

於是，在沒有明確標準的狀況下，只能照著待辦事項一一去完成眼前的工作。有時候會因為先做了沒那麼要緊的工作而感到後悔，或者搞砸一些雖然不急但是很重要的工作。

不主動訂定工作事項的優先順序，只是一味地接到什麼工作就做什麼，這樣不僅毫無建設性，反倒成為更加焦頭爛額的原因。

身為一名管理職，最重要的不是擁有更多時間，而是將時間投注在重要的工作上。

一位任職於情報通信業[1]的前5％菁英領導者表示：「**除了要盡量避免日常中**

發生的緊急情況，還要將達成長期目標作為行程安排管理的依據。」隨著遠距辦公興起，在維持工作品質、好好完成工作事項的同時，也要確保有足夠的時間和家人相處、實現自我成長。大家都在追求像這樣能**讓漫長人生過得豐富寬裕的時間管理技巧**。

全球性培訓顧問公司富蘭克林柯維（FranklinCovey）著名的「時間管理矩陣」[2]可以讓我們了解怎麼運用時間，也能幫助我們分辨將時間花在緊急程度低但重要性高的工作項目上。

決策工具「**報酬矩陣**」也能協助我們安排工作行程。

報酬矩陣是由「**效果**」和「**可實現性（實行成本）**」兩個軸構成的矩陣[3]，是一種可以有效地將想法做取捨的框架。

將現在手上的工作項目運用這兩個矩陣列出兩種評價基準，便能清楚看到事情的優先順序，並能加以進行相對評估。這麼做的主要目的不是為了整理工作行程，而是為了接下來的行動做準備。

接下來要做的，就是「決定要放棄的事項」。

「時間管理矩陣」不只讓我們確認是否放棄「不緊急也不重要」的事情，本質上的目的是，要讓我們有勇氣去放棄「緊急但不重要」的事情。

「報酬矩陣」的意義，則是讓我們去思考並討論，要怎麼樣做才能實現「可能有效果但實現性低」的點子。

其目的就是要下定決心去放棄「可實現性和效果都很低的事情」，也得捨棄「可實現性高但效果低的事情」。

如果沒有像這樣透過矩陣框架進行相對性的比較，將「該做的事」視覺化，進而一目了然事情的優先順序的話，可能會因為決定不了該放棄什麼而讓工作量不斷

1 日本標準產業分類的其中一大類別，是與情報通信相關的服務產業，包含了電信、電視、資訊提供與處理、網路通訊，還有聲音、影像、文字的製作及發行等產業。

2 以「重要」程度為縱軸，「緊急」程度為橫軸，將事情區分為四大象限。分別是「緊急且重要」、「不緊急但重要」、「緊急但不重要」、「不緊急也不重要」。

3 以縱軸和橫軸區分為四個象限，劃分事情的優先順序。

累積，導致加班時間也跟著增加。

前５％菁英領導者會不斷思索著如何讓團隊成長，積極做出決策。同時改善不足之處，朝著新的挑戰前進。

他們與一般管理職不同的地方，在於**勞動生產率**。

前５％菁英領導者在工作產出所花費的時間相對較少。**為什麼明明挑戰了新的目標，勞動時間還比較少呢？這是因為他們會「決定什麼事是該放棄的」**。

當接收到什麼新的任務，或是要進行什麼新的挑戰時，他們首先會下定決心「放棄某些事」，之後才接著採取行動。

前５％菁英領導者都明白，若想提升工作效率，比起提高業務處理能力，首先決定該放棄的事項更為重要。

準則8　用身心聆聽對方的聲音

點頭示意的方法有五種以上豐富的變化。

前5%菁英領導者經常被團隊成員評論為「很擅長傾聽他人的聲音」。他們這樣做是為了**創造一個讓團隊成員能放心談話的環境**。

我們針對非管理職的員工做了問卷調查，得知許多人認為**擅長傾聽的人都懂得什麼是「適當的留白」**，另外我們也了解到前5%菁英領導者**很會製造留白**。

當我們實際觀察前5%菁英領導者與他人對話的樣子，發現他們**很少在對方說話的時候自己也同時開口說話**。平均計算下來，在一小時之內他們與對方同時開口的次數低於一般管理職的四分之一以下。

因為他們**會仔細聆聽對方說話，將重點放在「聽」這件事情上面，所以很少打斷別人的發言**。

另外，為了不要造成搶話的情況發生，前5%菁英領導者會**在自己開始說話前先喘一口氣，並在心裡默唸一聲「嗯」之後再開始發言**。

根據本公司調查企業客戶，某流通服務產業的員工習慣了「先喘一口氣再說話」的交談模式之後，減少了七成不小心跟對方同時開口的機率。

不過就算要製造對話間的留白，也必須適度控制。

如果間隔太久都不說話，對方也會感到不安。

我們針對團隊中的領導者及成員，共一萬八千一百五十四人進行問卷調查，結果顯示當**沉默持續三秒以上會讓人感到慌張**。由此可知，雖然不搶話、保持適當的留白很重要，但如果持續三秒以上都不說話也會讓對方感到不安。

為了不讓對話產生三秒以上的空白，前5％菁英領導者會**在對方說不上話的時候幫忙解圍，或是自然地附和，以及點頭示意，來連接對方回話之前的那段空白**。

前5％菁英領導者的**應聲方式**也有很多種變化。

一般的管理職在聽對方說話時，大部分都只會回應**對**、**原來如此**等，應聲方式的變化平均只有二．五種形式。

另一方面，前5％菁英領導者會附和**對**、**原來如此**、**是這樣啊**、**嗯**、**果然**等，應聲方式的變化平均高達五·二種形式。

在聽取團隊成員的意見時，如果聽者的反應過於單調，很容易讓對方**懷疑「他真的有在聽我說話嗎」**。反之，**只要稍微改變回應方式，對方就會覺得「他真的有在好好聽我說話」**。

假如只會反覆點頭、重複說著「對、對、對」，的確會讓人有種被敷衍應付的感覺。

當應聲方式多樣化之後，不僅可以展現你有好好在聽對方說話，也可以讓對方流暢地與自己對談。

第四章

前5%菁英領導者自我磨練的方法

方法1　擴大自己的能力範圍

掌握自己的業務能力範圍，並在其中投注精力。

前5％菁英領導者都深刻理解，**時間和精力**是有限的。

為此，他們會留心於將時間和精力花費在**能得到絕佳成效的領域**當中。

世界上沒辦法順心如意的事情何其多。

即便如此，**如果老是把時間都耗費在自己不擅長又無法發揮優異成績的領域當中，更加沒辦法發生任何改變**。

前5％菁英領導者**靠著「自我觀察與反省（內省）」**，**去認知到「自己能發揮優異成績的領域（內圓）」在哪裡，並且努力嘗試改善及擴展這個領域**。

所謂內省就是**自我回顧檢討的時間**，必須於此時確認自己**該將精力傾注在什麼事情上面**。

如果沒辦法在自己能發揮優異成績的內圓取得實際成果的話，這個圓就不會擴大、發展。

舉例來說，如果留下實績，就能讓周圍的人對自己產生信賴感。如此一來便能夠隨著自己的喜好做事，也可以增加自己升遷調職，或是跳槽轉職的選擇機會。

前5％菁英領導者認為，**想增加這樣的選擇機會，並且能擁有依照自我意識選擇的權利（自我選擇權），就必須「擴展自己的內圓」**。

在與團隊成員的職涯發展面談中，前5％菁英領導者也試著讓他們理解，並教導他們如何掌控：「自己擅長且能發揮優異成效的內圓」，和「自己不擅長且控制不了的外圓」。

只要專注於內圓上，把從內省時學習到的事物活用到下一步行動中，必定能有所成長。當行為改變了，也就更容易取得成果，甚至能提升公司內外部人士對自己的評價。

假如評價上升的話，就有機會取得事情的決定權，也可能升任為更高階的管理職，所以擴大自己的內圓是很重要的一件事。

「擴展自己的內圓」就是支撐著前5％菁英員工持續前進的精神支柱。

方法2　放下自己的所學所長

為了順應變化並隨之成長，總是不斷吸收資訊、學習新知。

倘若自我磨練時，總是過於追求自我肯定感，或是沉浸在自我滿足感當中，很容易妨礙自我磨練的進展。

前5%菁英領導者不會固執己見，而是多方聽取他人意見來使自己成長。

也就是說，他們都了解**如果過於拘泥在自己封閉的知識和經驗當中，恐怕會阻礙自己的行動**。

前5%菁英領導者總是以自我進化為目標去提升技能和蒐集情報，目的是為了能**積極地隨時接觸新知、吸取多方意見**。

前5%菁英領導者和前5%菁英員工也對政府傾注心力的「回歸教育（重新學習）」[1]抱持強烈關心。

另外，與一般管理職相比，即使工作繁忙也會到商務學校[2]學習的前5%菁英領導者更高出了四倍以上。

實際上，雖然前5％菁英領導者當中有78％的人對加強工作技能這件事抱有興趣，但也有61％的人有著放下自己所學所長的覺悟。與一般管理職相比，有四倍以上的前5％菁英領導者抱持這項覺悟。

舉例來說，如果自己取得ＩＴ相關證照已經是距今至少五年以上的事，有非常多前5％菁英領導者就會把這項紀錄從名片上刪除。雖然也有人會炫耀自己取得英檢或財務顧問師證照，但也有許多領導者會隱瞞自己過去曾取得社會保險勞務士或職業諮詢師的資格。

對前5％菁英領導者來說，取得證照不是他們的主要目的，他們注重的是「取得這項資格能幫助自己完成什麼目標」。如果這個證照沒辦法產生任何價值，他們就會把這項資格隱藏起來，當作不存在一樣。

前5％菁英領導者習慣向外發揮自己的所學所長，為此他們也經常需要靠閱讀

1 讓社會人士重新回到教育機構學習，即終身學習的概念。

2 教授電腦實務、簿記、速記等商業實務的專門學校。

書籍來吸收新知。但並不是神經緊繃地想著「不讀書不行！」，而是像喝水一般，讓閱讀自然融入生活當中。他們平均每年會讀四十九本書，比一般管理職高出十二倍。

前5％菁英領導者知道，為了在遇到變化時自己也能跟著成長，必須持續吸取新的知識和經驗，並且放下自己陳舊的價值觀。

方法3　將嘴角上揚2公分以防止不必要的誤解

使用能夠消除「不必要的誤解」的非語言溝通方式。

同時執行「到公司出勤」和「在家辦公」的混合辦公環境中，不依靠言詞的**非語言溝通**發揮著非常重要的作用。

不管是**表情**還是**音調**、**情景**、**氛圍**、**視線**……等等，都比言詞扮演著更重要的角色。

美國心理學家艾伯特·麥拉賓（Albert Mehrabian, 1939-）在一九七一年發表了著名的**「3V法則」**，便講述了這個道理。

麥拉賓表示，表情和視線等從外觀可見的**「視覺訊息」（Visual）會影響對方55%的感受**；音調和語速等**「聽覺訊息」（Vocal）則有38%**；而**「言語訊息」（Verbal）為7%**。

溝通方法和「傳達的容易度」之關係

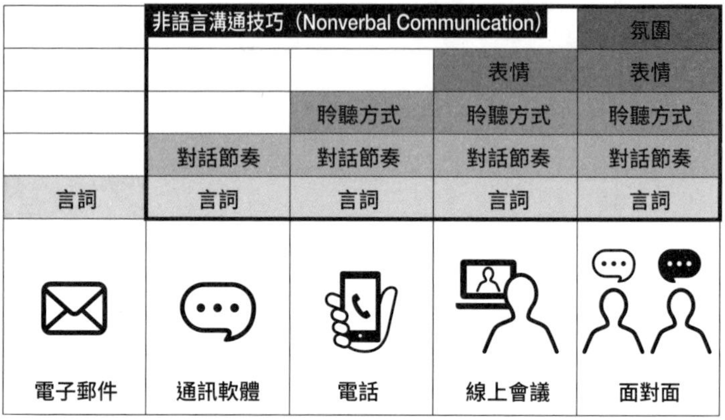

麥拉賓的3V法則很容易被解讀為「對方會根據視覺訊息而使情緒受動搖」，但這個解釋並不完全正確。當「視覺訊息」、「聽覺訊息」、「言語訊息」這三項訊息傳達出來卻讓人感覺到訊息不一致時，人們會傾向相信的優先順序是**視覺訊息**，**聽覺訊息次之**，**最後是言語訊息**。因此，如果想運用麥拉賓的3V法則，**重要的是要讓「視覺」、「聽覺」、「言語」三項訊息都達到一致**。

這三項訊息不一致的話會導致工作效率下降。

日本人在溝通時會傾向去推敲前後

文的脈絡，並觀察周遭的氣氛，在確認是否有讓對方感到不快的同時，慎重地進行交流。

當上司生氣時，下屬會仔細看臉色而選擇不去搭話，或者嘗試製作一些超出原先需要準備的資料量向上司多做說明。

在對話不多的狀況下，彼此很容易產生認知上的差距。

尤其是覺得對方「**一臉看起來很不高興的樣子**」這件事，常常會引發問題。有時候即使本人沒有在生氣，卻因為周圍的人認為對方看起來心情很差，導致應對進退都過於小心翼翼。特別是男性隨著歲月增長，臉部的肌肉也跟著鬆弛，會讓人看起來好像癟著嘴在生氣。

我自己也常常沒意識到自己的嘴角下垂、眉頭輕皺，結果讓身邊的人不免顧及我的情緒。從我個人經驗中觀察下來，發現許多女性在放鬆的狀態下看起來嘴角也是稍微上揚的，而男性基本上嘴角下垂的人比較多。

明明沒有心情不好，但如果被人捕捉到看起來心情不好的表情，不管是本人還是周遭的人都得費心耗神來回應。只是，像我這樣的中年男子要散發出自然的笑容實在是難如登天。

如果強行營造笑容看起來也不自然，甚至讓人覺得是不是在開玩笑。

作為溝通達人的前5%菁英領導者都非常重視非語言溝通，尤其是他們會注重自己的表情看起來是什麼樣子。

本公司觀察到，當我們向前5%菁英領導者進行訪談調查時，他們幾乎沒有人會露出讓人看起來不愉快的表情。

反之，可以看到許多一般管理職經常會露出看起來很恐怖的表情。我們在如此繁忙的時期前去調查，長時間下來當然會有人覺得被打擾而感到不愉快。但是這當中除了真的心情不好的人之外，也有雖然沒在生氣卻讓人看起來好像在生氣的人存在。

相較之下，因為前5%菁英領導者在應答時的表情比較自然，所以我們也能很放心地開口提問。

為什麼這樣的氛圍會讓人感覺到容易開口說話呢？從分析的結果發現，兩者之間的**差距在於嘴角的上揚方式**。讓我們覺得很好說話，也很仔細聆聽我們說話的人，他們的嘴角都是上揚的。

於是我們便推測，是不是嘴角的上揚方式也會對人類的心理安全狀態有所影響。

當嘴角平展，看起來像有在用心聽人說話；當嘴角下垂，則會讓人感覺看起來心情不好。

雖然我們無法入手「嘴角需要上揚到什麼樣的程度才算完美」的科學數據，但觀察下來發現，如果將嘴角提高至少**兩公分**，就不會讓人覺得表情看起來不高興。

在接受訪談調查的前5％菁英領導者當中，我們隨機抽取了二十八位的影像紀錄來做確認，發覺他們在聽人說話時嘴角抬高了兩公分左右。他們嘴角上揚的程度，大約是**聽人說話時上揚兩公分**、**自己說話時上揚三公分**。

此外，我們也調出一般管理職當中二十個人的影像紀錄來查看，發現嘴角有上揚的人約為兩成左右。

雖然這只是假設，但我們認為如果像前5％菁英領導者一樣，**保持將嘴角提高兩公分的習慣，就可以避免使對方產生不必要的誤解**。

前5％菁英領導者不會擺出引發他人誤會的表情，而是打造讓對方能安心說話的氛圍和神色，促成雙向對話。

就像為了讓聲音能更有力地傳達而進行發聲訓練一樣，如果也能練習讓自己做出自然且不會令人感到不快的表情，那人際關係也會發展得更加順利。

方法4　將自我反省時間定期安排至行事曆當中

☞**不受幹勁或疲憊影響，通過內省時間來掌握身心狀態。**

多數前5％菁英領導者都培養了回顧並檢討自己所作所為的習慣。

他們會每兩週查閱一次行事曆，回頭看看自己過去的工作成果。他們自我檢討的頻率是一般管理職的八倍以上。

不僅如此，前5％菁英領導者還會**特別安排檢討時間，確保自己有餘暇能回顧過去**。

他們會在記事本或行事曆內先標記回顧時間，也就是「**內省時間**」。因為忙碌於日常業務的領導者平時總是有許多不規律的行程安排，不知不覺才發現待辦事項早已被公司內部會議填滿。

前5％菁英領導者希望團隊成員能毫無負擔地向自己搭話，也盼望擁有小憩時間，所以會**預先準備緩衝時間（空白時間）**。

我們調查了他們的群組軟體[1]後發現，他們將行程以**十到十五分鐘為區間**去做安排的比例是一般管理職的二・八倍。

這樣做是為了把處理小事或小歇片刻、會議空檔及移動時間都安排進行事曆內。

但是如果將這些空檔時間都寫進行事曆的話，會讓團隊成員以為上司一整天的行程都已經排滿了，所以他們會將這些時間以**「空閒時間」**命名，並設定為公開分享。

他們也會將內省時間（檢討時間）預先排進空檔時間中。

例如在星期三或星期五下午三點左右安排大約十到十五分鐘的內省時間，在這段時間內喝著咖啡吸著菸，一邊回顧自己的工作成果。

他們會將這些預定寫進待辦事項清單，以此來確認工作進展。

前5%菁英員工是下意識地進行內省；前5%菁英領導者則是經過縝密的計

畫，自我制定內省時間，並將檢討的結果紀錄下來。

他們領悟到，如果不將內省時間作為日常業務的一環排進工作行程當中的話，就很容易忘記去執行這項作業。

前5％菁英領導者的目標是期望能持續拿下好成果，因此會盡量有計畫地執行這些工作。**不受自己的幹勁或疲累感影響，不斷在行動上下功夫**。

我想，他們的做法就是將這些零碎時間寫進行事曆中，並核對待辦事項清單來確認工作進展。

1 Groupware，企業內幫助團隊共同作業及共享訊息等功用的軟體。

方法5　四處走動，讓偶然的邂逅轉化為必然的相遇

有意圖地增加自己接觸到各種機會的可能性。

如同第一章所述，前5％菁英領導者的步調通常比較緩慢。

我想他們會這麼做的理由，是因為要方便其他人向自己搭話，所以才會表現出悠閒的樣子，緩步行走。

這是為了要營造一個能讓對方輕鬆說出「現在方便說話嗎？」的空檔。

前5％菁英領導者明白，機會是由別人帶來的，因此他們不會拒絕與他人接觸。

當然，這些接近自己的人之中也不乏存在著想趁機抓人把柄，或是嫉賢妒能的小人存在。

鶴立雞群的前5％菁英領導者容易成為遭人嫉妒的對象，有時也會有可疑人士不懷好意地靠近他們，但這**並不代表必須切斷與他人的交際往來**。

首先與他人接觸，然後根據自己的評價基準去判斷適不適合與其來往。

他們會透過這樣的方式，**有意圖地增加自己與他人交流的機會，擴展自己的人際關係，引發偶然的機緣巧遇**。

前5%菁英領導者在新冠肺炎疫情當中也積極運用這個做法。為了讓偶然的邂逅轉化為必然的相遇，他們也在**網路上**四處遊走。

由於疫情關係，網路上一下子增加了許多線上研討會。

特別是週間的傍晚，許多免費的學習型線上研討會有如雨後春筍般地開設。得益於此，大家能輕鬆無負擔地參與平常很難實際動身前往的研討會。

雖然這些線上研討會當中有不少是以販賣產品或提供服務為目的而舉辦，但如果是能吸收新知的場合，前5%菁英領導者就會果斷地參與。當他們發現研討會的內容不符合自己的需求，他們就會**立刻退出**，不浪費任何時間。

當然有時候也會得到意想不到的收穫。

就好比苦思了三個多月都探尋不著的解決對策，在研討會上僅花了三十分鐘就找到答案；又例如原先費了三個小時還是無法深刻理解所讀的書籍，在參加過線上讀書會後便充分領會到書中想傳達的是什麼。

我們針對約一萬七千名商務人士進行問卷調查，結果顯示，曾經參加過線上研討會的人占了全體的62％。

如果只抽出前5％菁英領導者的數據來看的話，比例更高達98％。

另外也調查了有多少人會定期參加研討會。結果顯示一般管理職當中有22％；前5％菁英領導者是他們的三．五倍，也就是77％。

前5％菁英領導者即使在網路世界也會增加自己的活動量，試圖製造「偶然邂逅」的機會。

像這樣**「將偶然轉化為必然」就是前5％菁英領導者所具備的特質**。

活用遠距辦公的方法

遠距辦公的形式可以讓身處各地的人共同進行各項作業，提升工作效率，有著極大的益處。

但是另一方面，因為減少了與公司同仁實際見面的機會，彼此也更難**交流情感和建立心理安全感**。

想必往後的工作趨勢會漸漸發展為混合公司出勤及在家上班的辦公模式，在這樣混合辦公的狀況下，最重要的就是**維持良好人際關係**、**不過度顧忌**、**靈巧地推進共同業務**。

前5%菁英領導者率先掌握了此動向，不管是否到公司出勤，或者在家工作，他們都致力於和團隊成員建立良好關係。

管理職的職務就是得靈活安排人員和時間資源，以便工作能順利進行。但是混合了遠距工作和通勤上班的辦公模式之後，卻很難進行各資源間的整合協調。

前5%菁英領導者的志向並非達成短期目標，而是長期持續取得傑出成果，所以他們會將時間運用在**緊急度低但重要度高**的事情上面。

尤其將心力投入在**培養團隊成員**。

許多企業的制度當中，有著上司與下屬必須定期討論今後職涯發展的規定。但是**這樣的規定若淪為形式的話**，**反而會降低員工的熱忱**。

而且在這個變化萬千的時代中，想描繪三年後、五年後的自己也絕非易事。認為自己前途茫茫的員工也不在少數吧。當中也有不少人對長遠的未來沒有任何規劃，只是盲目地完成眼前的工作。

面對這樣的團隊成員，前5%菁英領導者**不會強制要求他們繪製職涯發展藍圖，而是讓他們先去認真思考究竟自己擅長的是什麼，以及自己想做什麼。**

所謂職涯討論，與其讓員工直接回答自己未來想成為什麼樣的人，**不如讓他們回顧過往、對比現狀，透過內省去深思自己什麼地方做得好、什麼地方做不好，以此來探究未來發展的方向。**

現在回想起來，要是問三年前或五年前的我是否能想像現在的自己是什麼樣子，答案的確是否定的。

職涯規劃這件事，很多時候無法如預期一般發展，反而多數是由**偶發事件**造成的。

我身邊有十八名諮詢顧問，除了靠他們的指導來規劃職涯發展，我認為一個人的**職涯經歷有七成都來自於「偶然的邂逅」**。

例如，在公司走廊突然被擦肩而過的隔壁部門主管搭話，兩人閒聊之後竟影響到自己後來的人事異動；或是偶然在雜誌上看到自己感興趣的線上研討會主題，決定參加之後竟邂逅了觸動自己內心的人生導師，並從此將他視為憧憬的典範。

也有可能在無意中踏入書店，碰巧拿起一本書，在上面看見了一段話，而這段話竟從此成為改變自己人生的座右銘。

然而遠距辦公限縮了我們的行動，像這樣偶然邂逅的機會也隨之減少。

不只不方便與其他部門交流，也很難透過與同事的閒談來汲取新的商務點子。在這樣的情況下，前5％菁英領導者投注了不少心力去為團隊成員**策劃安排「偶然邂逅」的機會**。

舉例來說，在與團隊成員進行的一對一面談中，除了身為上司的自己之外，他們還會**邀請與自己同時期入職的友人共同參與**，或是**一起參加彼此都感興趣的線上研討會**。

有時候他們也會請團隊成員推薦書籍，彼此分享讀後感，之後也向對方推薦自己喜歡的書籍，藉此獲得不同的見解。

如何增加「偶然邂逅」的機會

在我們的企業客戶當中，取得極大成效的方法是**舉辦能分享閱讀心得的讀書會**。

不局限於商務書籍，也以**時代小說**、**繪本**等主題開設線上讀書會，打造一個即使只有一點點興趣也能夠輕鬆參加的平台。

如此一來，有的人因為聽了其他人的讀書心得，所以自己也拿起書來開始閱讀；也有些人因此改變自己的工作方法；更有一名四十歲的男性在看了別人推薦的繪本後，激發了自己的色彩感覺能力而迷上繪畫。就像這樣，這些**偶然的邂逅改變了他們的想法和行動**。

把時間花費在不知道會發生什麼改變的事情上，乍看之下或許徒勞無功，但就像**不播下種子肯定不會發芽**一樣。

不管是商務經營還是職涯發展，前5％菁英領導者都相信我們身邊充滿各式各樣的機會。

但是，**如果沒注意到這些機會，就不會引發任何改變**。

前5%菁英領導者除了擴張自己的人脈情報網，也持續為團隊成員提供能接觸到偶然邂逅的機會，並且讓團隊提高意識、保有向心力，以此解決面臨的課題，組建一個穩固的共感團隊。

方法6　從他人身上獲取機會

創造「偶然邂逅」的機會，促進自我成長。

前5％菁英領導者相信，**機會不會從天而降，機會是要靠自己向他人爭取得來的**。他們不會將成敗歸因於運氣好或壞，而是知道**要抓住機會，並且努力增加自己觸碰到那些機會的可能性**。

當然也有些人因為一直以來在工作上的成績表現都非常優秀，在公司內外部的評價也都很高，導致他們看起來態度趾高氣昂。

他們其實並不像周圍的人想像中那樣認為自己的實力有多麼堅強。

在訪談調查時，他們還是常常會謙稱自己是因為**「運氣好」**、**「受到眷顧」**，像這樣積極正面的詞彙出現的頻率比一般管理職高出非常多，尤其是**「託別人的福」**這類詞語，前5％菁英領導者說這句話的次數是一般管理職的七‧七倍，另外也比前5％菁英員工多出一‧八倍。

我回顧了自己過往的經歷，的確有八成以上的功績都是從周圍的人身上獲取的機會展開的。但不是如中樂透般，或剛好在重要的日子遇上好天氣一樣的想法，而是深刻感受到**「正是因為有他人的存在，我才有修正自己行為的機會」**。

雖說並非所有迎來的機會都是對自己有益的，但是**比起只會縮在自己的保護殼裡什麼都不做，如果能把握從他人手上獲取的機會，藉此稍微改變一下自己的行動的話，自己也會有所成長**。

前5％菁英領導者充分理解，並不是要做賭上人生的大挑戰，而是**以即便失敗也能補救的規模，反覆進行小小的行為改變，就可以得到成果**。

前5％菁英員工當中，多少有一些態度比較驕傲自負的人，也有很多人非常在意事業發展及工作目標是否達成。

但前5％菁英領導者與5％菁英員工之間決定性的不同是，他們會**把精力放在與人相處上面**。

正是因為他們理解**機會是由他人帶來的**，所以會對他人抱持關心、提起興趣，就像他們也會留心團隊成員一樣。

如果不想錯過這類「由別人帶來的機會」，最重要的就是不要切斷與他人的接觸。

當然其中可能也有抱著惡意來接近自己的人。例如希望藉著傷害別人的自尊心來得到自我滿足的人，或是靠著詆毀別人來維持自我優越感的人。

但假如為了避免這樣的風險而不跟任何人建立關係的話，無法解決根本上的問題。

並不是要跟能從他手上得到機會的人斷絕接觸，而是不要過度猜忌對方，並在確保自己不會遭受巨大傷害的前提下把握與對方相處的機會，這樣子才能增加更多機會和選項。

在商場上，將變化當作良機，**不只改變想法也改變行動，如此一來不僅能增加自己的選擇權，也能實現自我成長的喜悅**。

這就是前5％菁英領導者的願景。對此，我自己也強烈表示認同。

因為受某企業客戶的委託，偶然開始調查前5％菁英員工後，我的工作方式也發生了很大的改變。

前5％菁英員工會以快捷方式達成目標，並且藉著展現自己的弱點來與他人建立人際關係，這些調查結果對我的做事方法產生很大的影響。

而這次針對前5％菁英領導者進行訪談及調查之後，我又再次獲得了改變自己工作方法的機會：

- **會議開頭前兩分鐘的閒聊，能讓與會者產生安全感。**
- **不僅關心事業，也要關心與其相關的人。**
- **不要只依靠幹勁，還要制定最適當的計畫與流程，使行動持續下去。**

……等，增加了許多新發現。

前5％菁英領導者不會放過偶然從他人身上獲取的機會，並會透過改變自己的行動來持續取得成果。他們也會傳授給團隊成員這個做法，協助成員盡可能地接觸更多的機會。

方法7　向他人顯示弱點來拓展人脈

經由揭示自我來與他人建立深厚的關係，以此增加學習的機會。

請大家試著想像一下自己所信賴的人。家人、伴侶、同事、上司，這些人是不是會向自己展現軟弱之處呢？或許就是因為這樣才能取得我們的信任吧。

具有足夠實力能成為管理職的人當中，想必有許多人的自尊心都很強吧。另外，可能也有一些人是成為管理職之後，自尊心也跟著變高。

當然人都有尊嚴，但是在與團隊成員一起朝著同一個方向努力前進時，有時候展現過剩的自尊心並無益處。

如果**管理職的自尊心太強，會導致團隊成員畏縮膽怯**。當他們**過於顧忌管理職的心情，就無法營造彼此之間什麼都能談的氣氛**。

對於團隊成員來說，管理職的自尊心會使他們在心裡築起一道高牆。

因此，倘若能向團隊成員**揭示自我**，有助於彼此建立關係。所謂揭示自我，是指沒有任何企圖地與他人分享自己掌握的真實情報。

廣島大學的心理學研究也證實了揭示自我的效果。二〇〇四年發表的論文〈親密關係程度與溝通媒介對揭示自我的影響〉中，透過實際實驗證明了**在與人相處時若開誠布公地交談，能增進人際關係的緊密程度，也就是說能建立深厚的關係**（引用：廣島大學心理學研究〈4〉，第77－78頁）。

除了個人情報，向對方傳達自己的**「情感」**也是揭示自我的方法之一。坦誠地傳達**自己的心情或看法**，能讓對方更容易產生共鳴或理解。

這就如同心理學當中的「情感上的互惠」。當人們接受他人的好意時，自己會有必須回報對方的念頭，這就叫做「互惠原則」。

基於此互惠原則，當對方先揭示自我時，自己也會開始考慮揭露相同程度的情報。

「互惠原則」也適用於建立人與人之間的信賴關係。

也就是**「既然對方都推心置腹地對待自己了，那麼自己也坦率地吐露內心的聲音吧」**的心理。

舉例來說，當想要聽聽團隊成員對自己的工作價值有什麼想法時，如果以**「你覺得自己的工作價值是什麼？」**這樣的方式詢問，只會得到12%的人給出回答。

相反的，如果先分享**「我在○○的時候會覺得自己的工作是具有價值的」**，**像這樣先談談自己的經驗後再提問「你也曾這樣感受到工作價值嗎？」的話**，就有78%的人願意回答自己認為的工作價值在哪裡。

在實際的商務工作中，常常需要牽涉到很多人來解決複雜的問題，為此，有必要經營良好的人脈關係。

我們常聽到的「設計思考」就是以「為什麼？」為起點，將解決問題的對策具體化的方法。在「設計思考」中，工程師、商務專家、設計師會各自分擔職務，三方共同進行思考。經由讓團隊中三方面不同性質的成員互相交流，會發現：原先只有一個人的時候解決不了的事情，經由將三方面的想法結合後，便可能讓企劃更上一層樓。只有了解專案成員的優勢和劣勢，才能明確分擔各自的職責範圍，朝同一個目標持續前進。

不管是具有高度職業意識、能共享願景的公司內部成員，還是在公司外部研習會上認識的商務專家，各式各樣的人當中，若能遇到認為：

「如果是為了你的話，我非常願意。」

「如果跟你一起做的話，我很樂意。」

遇到像這樣的人，並與他們建立良好的關係，達成目標的手段也會增加，對解決問題和構思實現方法也絕對會有幫助。

此外，假如能維持這樣的人脈，也更容易能察覺到外界的變化。

前5％菁英領導者便是以拉攏人心的能力為基礎來拓展人脈，增加解決問題的選項。

前5%菁英領導者打字很大聲，並在麥克風上下功夫

前5%菁英領導者用電腦打字的時候，打字的聲音通常會比一般管理職更大聲。鍵盤持續敲打之下，他們之中有很多人甚至會在最後更加大力地按下Enter鍵，並露出微微的笑容。

為什麼會這樣用力地敲打鍵盤呢?即便我們詢問了前5%菁英領導者本人，也得不到明確的答案，或許他們是下意識地用力敲打著鍵盤。

之後我們根據影像紀錄和訪談調查了解到，當寄送重要郵件或資料製作完成後，為了劃分工作段落，他們通常會強力地按下鍵盤上的按鍵。

但是如果在公司這麼大聲地打字，會干擾到其他人吧?透過調查發現，比起在公司，前5%菁英領導者在家辦公的時候打字的聲音更大聲。因為在公司的時候會顧慮周圍的人，所以不太會這麼用力地敲打鍵盤。

另外，在與客戶做線上商談時，也不會這麼大力地打字。

不僅如此，因為前5%菁英領導者在溝通上以「傳達讓對方理解」為目

標，所以非常注重麥克風的性能和擺放的位置。細心地注意不要讓頭戴式耳機上的麥克風摩擦到臉頰、口罩或衣領，以防產生雜音。

通常前5％菁英領導者會在麥克風上下功夫，而一般管理職則特別注重在鏡頭上。前5％菁英領導者為了不讓聽者感到不快，會選擇具有吸音降噪功能的麥克風。另一方面，一般管理職因為更在意觀感和表情，所以會花錢購買高解析度的鏡頭。

如果要落實讓對方成為交流中的主角，那前5％菁英領導者的考量更加正確吧。

當然，不是關閉視訊鏡頭而是努力讓雙方都打開視訊鏡頭，或是注重影像清晰度以確保喜怒哀樂的情緒都可以清楚被看到，這樣的做法較能得到對方的信任。但是，即使提升了視訊鏡頭的解析度或品質，也不會直接影響到溝通效果，反而是清楚的聲音更能對溝通結果造成影響。

在線上商談中，如果沒有雜音混入的話，簽約率會更高。

會讓對方感到不舒服的不是影像而是聲音，為了傳遞更清晰的聲音，準備高性能的麥克風是比較合理的做法。

第五章

前5%菁英領導者
讓共感團隊活躍運作的
7個行動準則

準則1　透過改變做法來改變意識

累積更多實務經驗，在經歷成功的同時改變自我意識

前5%菁英員工認為「**人無法輕易改變意識**」，前5%菁英領導者也這麼想。**若想等待意識改變，可能要花上五年、十年，所以不如先改變做法，這樣最終意識也會跟著改變**。前5%菁英員工和前5%菁英領導者都十分理解這段過程。

只是，前5%菁英領導者考慮的是提升組織全體的工作效率；不僅是自己而已，還傾盡全力推動團隊成員的行動變革。

為此，前5%菁英領導者的做法是：即使團隊成員失敗了也不責備他們，而是讓他們**多累積幾次實務經驗**。

以業務銷售工作來說，當遲遲提升不了簽約率的時候，**比起簽約率本身，更重視增加提案數**。

前5%菁英領導者相信，**累積的經驗越多，學到的東西也會越多，並且能將這些經驗活用到下一次的工作任務當中**。並非去評斷成功或失敗，而是去學習如何在**經歷了許多大大小小的失敗後，整合經驗以轉換成巨大的成功**。

透過無數次的PDCA循環[1]，快速修正行動方式，用最短的時間取得成功。

雖說如此，團隊成員在面臨新的挑戰時還是經常會猶豫不決。

這樣的狀況下，領導者的目標便是**先讓團隊成員做一些精神負擔相對較低且規模較小的行動實驗，並透過一對一談話來聽取對方對行為改變後的感想，再給予意見回饋讓他們的觀念產生些微的改變**。

如果團隊中有成員因為行為改變而取得成就感與自信心，那麼團隊整體就會充滿正面積極的氣息。

透過精神負擔較低且規模較小的行動實驗，即便只有引發些許觀念改變，在遇

---

1 為了持續改善業務和實現目標所運用的一套「目標管理」流程。透過規劃（Plan）、執行（Do）、查核（Check）、行動（Act），來進行循環式品質管理。

到新的變化時也會降低心理上的障礙。

此後遇到難度更上一階的工作任務時，便會擁有邁出一步的勇氣。

當團隊成員靠著行為改變而取得成果時，一定要「認同」他們

我們向十六萬三千名受訪者提出以下問題：

「你什麼時候會感覺到自己做這份工作是有價值的？」

許多人的答案中出現了**「達成」**、**「認同」**、**「自由」**等關鍵字。

尤其是回答**「認同」**的人非常多，例如「顧客跟我道謝的時候」、「覺得獎金稍微增加的時候」……等等。當被認同的慾望得到滿足，工作的動力也會隨之提高。

透過小小的行為改變獲得成就感，也靠著領導者的認同來提升自我工作價值。

前5％菁英領導者會像這樣讓團隊成員們反覆獲取成就感和認同感，而當成員有所成長時，就給予自由（與相對的責任）作為獎賞。

前5％菁英領導者並非在完全理解這一機制的情況下運用這個準則。但他們當

中有72%都知道，**人只要嚐到一點點成就感的滋味，就能大幅降低行動時的心理阻礙**。

這樣的思維模式，在他們與成員進行的一對一面談中更加顯著。因為前5%菁英領導者希望能透過行動改變意識，所以他們**對話的目的是要提升團隊成員的士氣，設法讓他們行動起來**。

在問卷調查的結果中也發現了以下明顯的差異。

當我們向一般管理職詢問他們舉行一對一面談的目的時，最多人的答案是**「為了進行溝通」**，再來是**「為了增進彼此的關係」**。

同樣的問題，前5%菁英領導者當中最多的回答是**「為了促使對方開始行動」**。

但是團隊成員不會這麼簡單地如人所願開始行動。為此，前5%菁英領導者會利用以下的準則來督促對方採取行動。

這個準則就是**讓對方產生「想做這件事」的意願**。

指導步驟

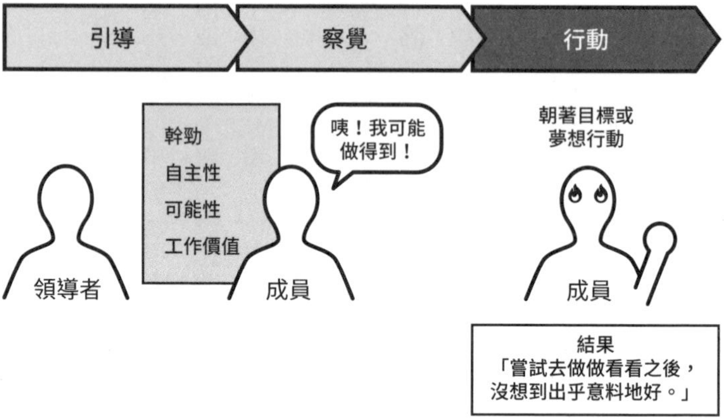

首先，**向對方傳達做這件事的意義跟目的，還有告訴對方做這件事可以得到什麼好處，以此來提高對方的意願**。為此，不能突然自己開始講個不停，而是要讓對方愉快地暢所欲言，然後再逐一向對方傳達他能獲取的利益，使對方產生興趣。

並非單方面對團隊成員下達**「你不能拒絕去做這件事」**這種指令，而是向他們傳達**「或許嘗試去做做看這件事會比較好」**，用輕鬆的氛圍來引發他們的興趣。

但並不是說這樣子他們就會立刻有所行動。前5％菁英領導者最後在團隊成員的背後推上一把的同時，**還會提議他們做一些簡單的行動實驗**。

例如向他們提議**：「要不要試著在下**

個月早起一次看看啊？」

因為團隊成員正處於心情愉悅又興奮的狀態，所以面對門檻較低的挑戰時，他們也會覺得「我好像可以辦到」。

但是前5％菁英領導者不僅僅滿足於此。因為他們這麼做的最大目的，不是要引發行為改變，而是要**穩固這些改變的成果**。為此，一定要保留時間來回溯這些行動實驗的過程。

他們會**以輕鬆的態度**向團隊成員詢問有沒有執行在一對一面談中提到的「簡單行動實驗」。這時候，他們不是想評斷對方「有做」還是「沒做」，而是想聽對方說說**在進行行動實驗時覺得心情如何**。

我們在與前5％菁英領導者進行的訪談調查中得知，約有八成的團隊成員在經歷行動實驗後，認為其結果**「出乎意料地好」**。

這個**「出乎意料地好」就是意識產生改變的訊號**。

並不是先改變意識再改變行動，而是透過些微的行為改變後產生「沒想到結果還不錯」的想法，以此**發現挑戰新事物的樂趣**。這就是前5％菁英領導者穩固行動實驗成果的準則。

前5%菁英領導者表示：「像這樣透過先改變行動再改變意識的準則，也能活用在拉攏高層，或籠絡公司內外部利益相關者的時候。」

準則2　理解成功的原因並加以重複運用

能否重現過往經驗，取決於成功後的行動

一般的管理職在遇到企劃或業務工作失敗時，經常歸因於是誰犯了錯而導致失敗。

如果團隊成員被上司責怪：「都是因為你沒有好好準備，所以這個案子才沒辦法順利進行下去。」那就會讓團隊成員為了避免犯錯而導致之後的行動也都綁手綁腳，無法放手去做。

另一方面，如果事情順利進行的時候，上司會說：「真幸運啊！」或「這些努力都變得有意義了呢！」雖然聽到這些話的當下會感到開心，可是如果成員從這些話當中感受到原來上司認為自己不是靠實力而是憑運氣，會導致他們覺得又沮喪又失落；或者誤以為不用動腦思考，只要拚命努力就好。

不管成功或失敗，在那之後上司的反應有可能讓團隊成員感到開心，也有可能

使他們灰心喪志。身為團隊中的領導者，不能因為一時的成敗而讓情緒起伏，而是應該建立能夠創造成功的準則。

面對這樣的情況，前5%菁英領導者會試著打造**具有重現性的工作模式**。他們失敗的時候會檢討反省，成功的時候則找尋原因。而一般的管理職成功之後會滿足於成就感當中，不太會去自我反省。

前5%菁英領導者成功後也不會愉悅地沉醉於現況，而是深刻嚴肅地思考：

「為什麼這次會成功呢？」

當工作企劃取得成功後，會自省的一般管理職共有3%，而前5%菁英領導者當中則有41%的人會自我回顧與反省。

面對失敗的時候，任誰都會反省以避免再度失敗。但是**造就一般管理職與菁英領導者落差的地方則是出在「成功之後」的行動**。

前5%菁英領導者在成功之後會探究為什麼會成功，以找尋成功的準則，試圖提高成功的重現性。

準則3　佯裝自己很悠閒

讓團隊成員開口向自己搭話，輕鬆說出：現在方便打擾一下嗎？

在針對一百一十三位前5%菁英領導者進行訪談調查之後，最令我感到驚訝的是：**他們之中竟然沒有任何一個人說自己「很忙」**。

他們當中有人為了處理工作糾紛而在休假日出勤，解決完問題後又馬上接受我們的訪問；也有人在線上會議中應對世界各地的客戶後，又立刻協助我們進行這次的調查。

雖然當中一定有人並沒有那麼充裕的時間接受訪談，但是他們似乎會**猶豫著要不要說出「我很忙」這類詞語**。說實話，有些人很明顯地表現出他們不想花時間參與調查，但即便如此也沒有任何一個人脫口說出「我很忙，這樣讓我很困擾」之類的話。

反之，我們針對一百〇二名一般管理職進行訪談調查時，他們當中雖然並沒有很多人擺出不樂意的表情，但是有六成左右的人都在口中唸著自己有多忙碌，或是現在人手有多不充足。

前5%菁英領導者當中，被團隊成員評價為「很好說話」的人，都具有一種讓人覺得「跟他說什麼都可以」的獨特氣質。

就像本公司的員工在訪問前5%菁英領導者時，隨著談話進行，不知不覺自己的情緒也跟著放鬆下來，比起聽對方說話，自己開口的時間反而更多。

於是我們更進一步挖掘「很好說話的前5%菁英領導者」的數據資料。

在這些數據資料中，我們發現和同樣職務的人相比，他們的工作量會稍微多一些。除了負責管理的下屬比較多之外，需要處理的商品種類和對應的客戶數量也絕對不比其他人少。不僅如此，他們還得參與相當多場會議。

但是，他們的**行事曆是以十五分鐘為一個單位安排，保有許多瑣碎的空閒時間**。

Outlook和Google日曆對一段行程規劃的初始設定是以一個小時為一單位，但是有許多前5%菁英領導者會把預設值更改為十五分鐘。

當然並非所有前5%菁英領導者都這麼做，不過根據調查，確認了前5%菁英領導者之中，共有31%的人會將行程預設為一單位十五分鐘。

我們訪問了將行程預設為一單位十五分鐘的前5%菁英領導者，發現他們這樣做的原因似乎是想刻意讓會議無法被排進行事曆當中。

訪談調查時，許多人對此的回答皆為「只是剛好有空閒時間」，或是「因為想縮短會議時間」，這些理由都和前5%菁英員工差不多。不過，在探究這樣的行為是出於什麼目的時，我們明確地發現了前5%菁英領導者和前5%菁英員工的不同之處。

前5%菁英領導者並不是為了自己才安排這些空檔，他們的目的是為了創造一個**讓團隊成員能「無拘束地輕鬆向自己搭話的時間」**。

比起自己積極主動向團隊成員搭話，他們更想方設法營造一個能讓他人輕易向自己搭話的氛圍和時間。

從團隊成員的角度來看，跟行程表排得滿滿的上司相比，的確能更放心地向有空檔的上司搭話。

相較自己開口發言，前5%菁英領導者更重視讓別人開口說話。所以他們才會特意展現自己在時間上的餘裕。

為了能騰出充裕的時間，他們也致力於會議改革，以及統合資料模板等工作。前5%菁英領導者為了打造出團隊全體的「充裕時間」，下足了不少功夫。而且一定會有團隊成員感受到他們的用心。

當團隊成員看到上司為了同仁盡心安排時間，並努力營造時間和情緒的充裕感，自然而然會更加信任和感謝上司的付出。

前5%菁英領導者就像這樣，即使自己其實工作非常繁忙也不會表現出勞碌的姿態，而是率先製造「空閒時間」，讓團隊成員能輕鬆向自己搭話。

如果團隊成員彼此能互相輕鬆地說出：「方便借用你一點時間嗎？」那麼團隊合作也能更順利進行下去。

舉凡事業開發、企劃會議、腦力激盪，或是提出構思的會議，若能放心地開口提出：「我可以發表一下自己的看法嗎？」那麼就更容易將想法傳達給他人。

過去四年間，我參與了十九家公司的十七項事業開發工作。

在那**十七件項目當中，僅有兩件是在會議上提出構想。另外十五件都是在會議結束後，我在前廳或走廊向其他部門的主管詢問：「現在方便打擾一下嗎？」開始的。**

也有一些人會在線上會議結束後還有一段空檔時，問上一句：「現在方便說話嗎？」

無論到公司出勤還是遠距辦公，倘若能建立可以互相輕鬆詢問「現在方便打擾一下嗎？」的關係，團隊成員間的共同作業就能進展得更順利。

如果團隊充滿著相互合作的文化，也沒有過多的顧慮，能營造一個毫無負擔地進行對話的氛圍，那麼團隊在處理事情上也能更通達順暢。

而事先將這一切安排妥當就是前5％菁英領導者的工作。

準則4　不要用突然想到的對策去解決事情

從「源頭」開始考慮事情，找出根本的解決辦法

當遇到問題時，事件的相關人士經常會提出**自認為正確的看法**。

但如果這些看法並不是從適當的角度出發，就會看不清問題的本質，導致找不到解決的方案。假如與顧客之間存在著理解方式的差異（分歧），不僅解決不了問題，還會導致彼此關係惡化，進而演變為無法挽回的地步。

為了查覺此差異，首先要自己想想：

「對方的視角（關注的重點）、視野（看事情的範圍）、觀點（看事情的立場）是什麼？」

藉此便能觀察到更廣泛的面向。

我們必須考慮對方的想法並試著相互理解。如果每個人都能接受大家擁有各自

的**「視角、視野、觀點」**，我們就能夠相互理解。

一般管理職在面臨課題時，腦中所想的經常是「總之先解決再說」，所以他們會馬上思考該怎麼解決，也就是說他們考慮的是**HOW（方法）**。

但這麼做只是暫時處理了表面上的問題，以後還是**會發生同樣的問題**。

前5％菁英領導者為了認真解決實質上的問題，他們會傾注關心和熱忱，試圖探究問題的本質。

為此，他們考慮的不是短時間內想到的解決對策HOW，而是**從WHY去挖掘事情發生的根本原因**。

在邏輯思考或設計思維中也被提到過，若想追溯問題的本質就需要深入探求事情發生的原因。「問題出在哪裡？」、「為什麼會引起這個問題？」、「為什麼沒能阻止事情發生？」透過反覆思索「為什麼？」便能尋覓到問題發生的根本原因。

前5％菁英領導者知道，像這樣在挖掘WHY的過程中，找出重要的因素（真正的理由和解決問題的槓桿點）並思考處理對策，才能解決根本上的問題。

透過AI分析前5%菁英領導者在討論「處理糾紛」和「解決課題」會議中的發言，發現他們經常說的詞語是**「本來」、「歸根究柢」、「原先」、「再往前推」**。

我們可以很清楚地看到他們不斷想探究事情發生的根本原因。

前5%菁英領導者也總是指導團隊成員們不要只考慮HOW，而是要去思考WHY。並且定期在一對一面談中，與團隊成員一起思索問題發生的原因。相互反省的同時，也共同以WHY為著眼點去挖掘問題所在。

透過這種方式**改善思考的本質，進而也能改善往後行動的本質。**

如果想建立成員們會自我思考且主動做事的「自動自發團隊」，如此挖掘WHY的過程是不可或缺的。

準則5　避免使用指示代名詞，讓對方的印象提升2倍

用可以讓彼此「腦海中的形象互通」的方式溝通

「告知」是以自己作為對話的主角；「傳達」是以對方作為對話的主角。前5％菁英領導者的目標是讓對方主動做事，自然在溝通中也會以「傳達」為目標。

他們**意識到視覺印象的重要性，同時致力於「傳達之道」**。

人類會將重要的訊息長記於心，不重要的訊息則漸漸遺忘。心理學家赫爾曼．艾賓豪斯（Hermann Ebbinghaus, 1850-1909）提出的遺忘曲線展現了人類的遺忘機制。根據其研究結果，所得到的數據如下：

- **二十分鐘後忘記42％、記得58％**
- **一小時後忘記56％、記得44％**

・**一天後忘記74%、記得26%**

・**一星期後忘記77%、記得23%**

・**一個月後忘記79%、記得21%**

即便接觸到資訊，如果不反覆運用也會忘記。但是**如果經常複習使用的話，就容易讓記憶保持下去**。

人類的視覺或聽覺在接觸到資訊時，首先會暫時儲存於大腦的「海馬迴」中。但是儲存時間僅約二至四週。當資訊儲存在海馬迴的狀態下，使**用三次以上**的話，就會被視為重要資訊，並轉移到顳葉進行長期保管。

所謂「使用資訊」，是指以**書寫**、**說話**，**或用肌肉（出力）發出訊息**。

如第二章所述，前5%菁英領導者說話總是能抓住關鍵、簡潔俐落。

我們比較線上會議中發言內容的數據資料後，發現前5%菁英領導者發言的次數是一般管理職的一・二倍，發言時間卻只有〇・七倍。

即便前5%菁英領導者在線上會議中的發言量比面對面會議減少了17%，他們也同樣謹慎且緊湊地集中自己的發言內容。

雖然如此，為了避免言詞過於簡化導致對方無法理解，前５％菁英領導者也非常重視詞彙的選擇，以及慎重地將情感或直覺的想法用言語清楚地表達。

我們使用ＡＩ技術將前５％菁英領導者在會議中的發言轉換為文字數據，並運用文本探勘進行分析，發現他們**使用指示代名詞的頻率非常低**。也就是他們會避免說**「這個」、「那個」、「這些」、「那些」**這類的指示代名詞。

例如與團隊成員進行的例行會議，基本上都是跟了解工作狀況的成員共享資訊，所以彼此很容易理解會議中所說的內容。

可是帶領許多不同成員的團隊領導者如果不明確表達自己所說的話，就會導致團隊成員的思緒陷入混亂。

雖然使用指示代名詞可以縮短發言時間，但是前５％菁英領導者溝通的主要目的是，讓對方充分理解自己所說的內容，所以他們會慎重選擇表達方式。

「傳達」和「告知」的差異，在與一般管理職比較之後可以明顯地感覺到不同。一般的管理職在例行會議上經常自說自話，不僅耗費時間在閒聊上面，還不斷重複說著同樣的事情。但在前5％菁英領導者身上幾乎沒有看到相同的情況。

為了讓自己的想法能清楚傳達給對方，前5％菁英領導者會將溝通的對象作為這場對話中的主角，並致力於讓對方開口表達自己的意見。接著根據對方說話的反應，來判斷自己所說的話是不是已經實實在在地傳達給對方。

前5％菁英領導者都對溝通對象的反應很敏感，所以當他們發現對方不理解談話內容，或者自己的想法沒有傳達到對方心裡的時候，就會靈活地改變自己的表達方式。

如果他們在例行會議上察覺自己所說的話沒有明確傳達給團隊成員的話，首先做的不是責怪團隊成員，而是檢討自己的表達方式是不是出了什麼問題。

經過多次應變調整下來，他們便漸漸不再使用指示代名詞了。

那麼，不說指示代名詞的話，他們都怎麼表達呢？我們運用ＡＩ分析的結果得知，前5％菁英領導者**使用形容詞或副詞的頻率比一般管理職多出20％左右**。尤其是在**說明事情的現象或狀況時，經常使用到形容詞和副詞**。我們根據幾個影像數據確認了相關紀錄的聲音與畫面，發現他們表達事情時**會用「能讓人在腦海中浮現情景」的方式說明**。

也有一些人會**試著將自己腦中呈現的形象傳達給對方，讓對方腦中也顯現相同的形象**，以此為目標來選擇表達的詞彙。

總而言之，他們會**選擇適當的表達方式來傳達自己心中所想的形象，並嘗試讓對方的腦海中也能浮現相同的形象**。

當理解了這就是「傳達」的意義時，我著實感到恍然大悟。

在查閱腦科學和溝通技巧的理論時，我體認到想要傳達事情時，要傳達的東西不是言語而是形象，而為了讓這個形象能清楚地傳達給對方，我們要運用言語和表情來進行傳達。如此一來，對方就能藉由言語等資訊將聽到的話在腦中形成一個具體的形象。

為此，**如果自己想傳達的形象和對方在腦海中描繪的不一致時，就會產生認知上的偏差**。

前5%菁英領導者雖然並不至於如此深入理解這些關於腦科學的理論，但是他們下意識地同樣**選擇了能夠傳達形象的表達方式**。

的確，光是思考「這個」、「那個」、「這些」、「那些」指的到底是什麼，大腦就已經感到非常疲累了，更不用說在這樣的狀況下實在很難與對方同時在腦海中產生相同的形象。

經過調查分析後，以此準則和前5%菁英領導者的表達方式為基礎，讓一般員工和一般管理職也試著實踐「盡量不說指示代名詞」的規則，結果發現與他們談話的對象對溝通狀況的滿意度呈現上升趨勢，並且有人對接收訊息的記憶力也提升到兩倍以上。

像這樣為了將想法傳達給對方、讓對方能描繪相同的形象，而慎重地選擇表達方式的溝通技巧，不僅能運用在與他人的對話上，也能活用在資料製作或商務交談當中。

準則6　不是同情，而是感同身受

與團隊成員建立「共感與共創」的關係，創造共同行動和反省的循環

團隊中的領導者和成員並非上對下的階級關係。領導者並沒有比較偉大，彼此既是合作者，也存在著適度的依存關係。

成員不該只是照著領導者的吩咐辦事，而是必須自我思考、自主行動，並將所學回饋給領導者。

領導者應該和成員共同思考、共同行動，並運用成員回饋給自己的知識技能來指揮全體。為了不迷失在大環境中，且始終保持客觀的視角，前5％菁英領導者會定期讓團隊成員及第三方相關人士給予自己意見回饋。

領導者和成員彼此要建立的不是阿諛奉承或過度察言觀色的關係，而是要以相互成長為目標，朝著彼此協助扶持的關係前進。

在這樣平等的關係之中，不存在「同情」這個詞彙。

共感與同情的區別

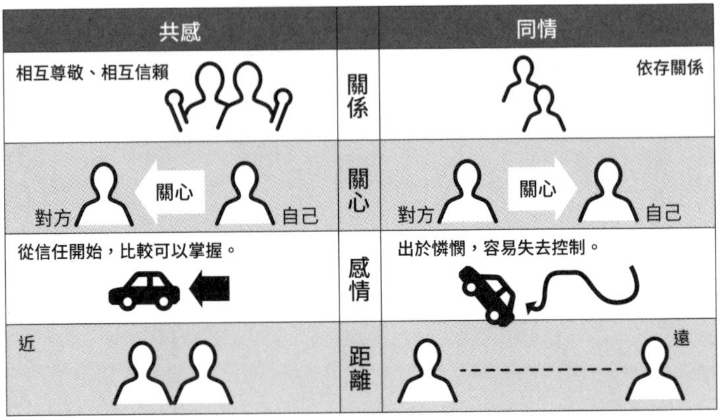

共感		關係	同情	
相互尊敬、相互信賴		關係		依存關係
對方 ←關心 自己		關心	對方 關心→ 自己	
從信任開始,比較可以掌握。		感情	出於憐憫,容易失去控制。	
近		距離		遠

所謂同情，是自視甚高的人對其認為比自己低階的人懷抱的憐憫之情，以這樣的感情去想像對方的悲痛。**同情是出於哀憐之心，是一種難以控制的情感狀態**。

另一方面，**「共感」是源於互相信賴，是從尊敬中產生的情感共享**。

共感並非上對下的階級關係，也不是單方向的依存關係，而是**肩並肩、平起平坐的夥伴關係**。

在這樣的平等關係中，向對方表示關心就是共感。而同情則是比起對方更注重自己在乎的事，也可以說是以自我為中心來看待事情。

如果關係親近，彼此便能產生共感

的情緒；如果關係生疏，就會以第三者的角度產生置身事外的同情感。

因此，共感能夠加深人與人之間的關係，而同情則會疏遠人與人之間的關係。

團隊成員當然希望彼此能產生共感情緒，而且也不喜歡被同情。

前5％菁英領導者十分理解共感與同情的差別。

他們在與團隊成員對話時，絕對不會可憐對方，也不會鄙視對方。他們會**透過閒聊、商談來建立彼此的信賴關係**。為了縮短彼此的距離感，也會花時間**和團隊成員一起思考、一起行動**。

因為領導者自己都以身作則了，成員也不得不起身行動。這就是互惠原則，想到既然對方都有所表現了，就會激發自己也要開始動作的念頭。

當彼此能共同行動、共同反省，肯定會有所學習成長。成功的時候也得追求學問。前5％菁英領導者當中有72％的人都表示**「越是成功的時候越要勤勉學習」**。

當我們詢問前5％菁英領導者認為PDCA當中最重視哪一個項目的時候，最多人回答的是**「Check（查核）」**。

此外，前5％菁英員工和一般管理職最多人重視的則是**「Do（執行）」**。的確，在籌劃階段草草了事、盡快進展到執行階段的話，或許能夠早點得到成果。但是如果把「執行」這件事當作目的，只會增加執行項目的數量，並沒有辦法提升品質。

前5％菁英領導者追求的是改善行動的質與量。為了讓兩者都得到改善，他們會先開始行動，再透過回顧與反省來修正行動，以此提升品質。

準則7　運用能提振士氣的稱讚方法來讚賞對方

展現自己對團隊成員的關心和興趣

與團隊成員進行一對一面談其中的一個重要目的，就是**提振對方的士氣**。

但是，並非不管對方說什麼、做什麼都胡亂稱讚一番就好。為了促進團隊成員的成長，有時候也必須指出對方的問題點，並嚴格地給予意見回饋。

我們查看了前5％菁英領導者在一對一面談中的影像紀錄後，發現他們**為了讓成員多多發表自己的想法**，**一直很努力地激勵他們**。當團隊成員請求前5％菁英領導者給予意見回饋時，不管是做得好的地方還是做不好的地方，他們全部都會提出來向成員解釋說明。

與一般管理職相比，差別最大的就是**稱讚的點和稱讚的方法**。

前5％菁英領導者會稱讚團隊成員的能力、品味還有行為舉止，並且總是表現出自己對成員們懷抱興趣及關心。他們平時也經常向成員們搭話，只要成員**稍微有點進步或成長，就會認可對方並給予意見回饋**。

不僅自己會稱讚團隊成員，他們還鼓勵團隊成員相互勉勵。根據我們針對某製造業的三位前5%菁英領導者進行的調查結果得知，他們給予團隊成員正面回饋的頻率是一般管理職的二．八倍之多。

此外，前5%菁英領導者也經常透過第三者來稱讚對方，給予對方間接認可。除了直接向團隊成員傳達：「謝謝你們總是這麼大力地支持我，實在是幫了我很大的忙！」，還另外透過第三者給予稱讚的話，會讓團隊成員的喜悅加倍。

例如，向對方傳達「**某某先生說他非常感謝你！**他說**謝謝你總是不遺餘力地協助團隊夥伴！**」的話，對方會感到更加開心。

理由有兩個。

第一個理由是，如果突然出現第三者的名字，會帶給對方**意想不到的驚喜**。

另外一個意想不到的驚喜，則是來自於對領導者產生正面的情緒。

「主管真厲害啊，居然還彙整了其他人的意見回饋。」

「主管竟然默默地把我的事情都看在眼裡，好開心啊……」

像這樣子，對**「對自己抱持興趣及關心」**的領導者懷抱著感恩的心。

在和團隊成員進行一對一面談的時候，請先回想有關對方的任何一件事情。如果有一點點讓你想起「好像曾經有過這麼一回事」的記憶，只要稍微提到相關話題都能讓氣氛活絡起來。

前5%菁英領導者會**事先查看團隊成員的出勤狀況和工作表現，並觀察對方的身心狀態**。不管是與成員的一對一面談還是公司內部會議，可以說他們靠事前的準備就已經決定了之後八成的走向。

不僅如此，前5%菁英領導者予以回饋的方式也比較特別。

如果要向對方傳達修正改進的意見，他們會把這些**負面的回饋放到最後再說**。

首先會給予對方一個或兩個正面的回饋，等到**對方把自己的話聽進去，願意採納自己的見解**後，才會開始述說負面的回饋。

相反的，一般的管理職常常在一開始就立刻挑人毛病或提出負面意見。這樣子做的話，**超過半數以上的成員只會想逃避這些勸告，把上司的話當作耳邊風**。

心理學家羅伊・鮑邁斯特（Roy F. Baumeister, 1953-）曾說過：「**想要消除一個消極因素，需要靠四個積極因素來彌補**。」

雖然前5％菁英領導者不一定會說到至少四個正面的回饋，但是他們會盡量多說一些，並且會先提出來，悉心竭力於讓對方能接受自己提出的負面回饋。

前5%菁英領導者下意識活用的三種概念

1 從眾效應

從眾效應又稱樂隊花車效應。樂隊花車代表了「在遊行隊伍最前方演奏樂器、裝飾華美的車子」。跳上樂隊花車比喻搭順風車、選擇有利的一方；另外也象徵跟從大眾判斷、隨波逐流的意思。是一種從眾的選擇來獲取安心感、自己也更不需要費心抉擇的心理效應。

「有九成的通訊公司都採用本公司的產品。」

「顧客滿足度第一名！」

透過這樣的號召，讓群眾產生安心感、信賴感，促使對方願意掏錢消費。

「銷售金額第一名！」或「獲得獎項！」這類的宣傳標語也是利用從眾

效應的一種手法。

如果能宣揚自己的產品或服務受到很多人的喜愛，也更容易被客戶選中，所以在向客戶提案等場合應該將其活用在簡報檔開頭的公司介紹當中。

2 單純曝光效應

單純曝光效應是指，當人們反覆接觸某個人事物之後，對其產生的好感度會更高的一種心理。

像是透過多次露面取得對方的好感來進行商務活動，或是透過反覆宣傳商品來獲得消費者的好感，都是活用這項心理效應。

但是必須注意一項非常重要的事，假如見到面的第一瞬間就已經產生負面印象的話，那麼之後不管接觸幾次都提升不了好感度。可知第一印象是萬分重要的。

這件事不只是針對人而已，對其他事物也是相同的道理。

當交付資料時，對方會在十秒內判斷這份資料是否容易閱讀理解。

舉例來說，如果能把資料控制在有限的字數（一千五百字以內），色彩的運用也再單純一些（三色以內），集中整理出重點資訊的話，就不會讓對方在閱覽這份文件的時候感到疲乏怠倦，反而能讓對方抱持良好的感受。

3 難以到手效應

這是靠著給予對方特殊待遇來博取好感和信任的小技巧。

當被特別對待時，不知怎麼的就會覺得心情愉悅了起來。

例如，收到寫著「會員限定大特價」的電子郵件時會覺得暗自欣喜。又或者是別人來和自己商量煩惱時，很容易因為對方一句「這些話我只能跟你說」而覺得自己受到對方信賴。

這項技巧操作在提案資料上也相同，若能運用客戶的競爭公司做比較，提出「僅限於貴公司」、「只到本月底為止」這類具有限定感的條件也十分有效。

前5%菁英領導者下意識地活用這些概念，以此改善人際關係或促使他人開始行動。

請讀者們也將這些心理效應牢記於心，並試著運用看看吧。如果事後回顧起來，覺得「沒想到結果還不錯」的話，也請持續做下去。

倘若能透過行為改變而得到醒悟，意識也會有所改變。當意識改變，就能挑戰形形色色的工作任務。

請各位也一定要嘗試去實踐這些小小的行為改變。

第六章

將前5%菁英領導者的工作習慣滲透至共感團隊當中

工作習慣1　會議開頭閒聊2分鐘，參與者發言提升1.9倍

根據本公司二〇一九年到二〇二一年的調查可以發現，當團隊中的成員擁有安全感，無論是到公司出勤還是在家遠距上班，都比較容易團結一心、達成團隊的共同目標。所謂安全感，是一種無論自己說了什麼話都不會感到不安，並且可以很放心發言的心理狀態。

過度的畏懼、顧忌或揣測，會導致工作效率下降。

譬如我們查閱了八百二十六家企業客戶製作的簡報檔，發現當中**有23%的內容都是簡報製作者對上司或顧客的想法臆測過度所製成的資料和訊息**。也就是說，有很多內容都是上司沒有交代要做，但是下屬卻自己判斷需要放進去的資訊。

本公司追蹤調查後發現，這些**被推測需要放進去的資料，在最後約有八成都沒有被採納**。換言之，製作簡報的時候常常會猜想這些資訊「應該需要吧」或「一定很重要吧」，但實際上有八成左右都是不必要放進去的東西。

我們接著更進一步在二十五家企業客戶的協助下，以不指定對象的方式進行匿名問卷調查，比對了「七成以上的成員都認為自己的團隊擁有心理安全感」和「七成以上的成員都認為自己的團隊沒有心理安全感」。

於是我們發現了**「沒有心理安全感」的團隊，會議時間很長，他們比其他公司平均多出了約20%到30%的事前商談時間**。

除此之外，針對會議的事前商談也非常頻繁。也就是說，為了確定例行會議的討論方向，會在正式的會議開始前又再另外召開小型討論會[1]。

因為害怕惹上司生氣，成員會在出席會議前先蒐集自己認為重要的資訊，並徵詢眾人的意見來尋求認可。

他們不敢開口向上司詢問：「課長，我整理了這些資料，想請您看看是否符合這次案子的需求？」所以會耗費大量時間來準備各式各樣的資訊和數據。

如果團隊成員懷著顧慮重重的心緒參與會議，就不會願意主動開口提出自己的

1 日本職場上經常會遇到的事前商談，屬於比較小型、非正式的會議，跟正式會議相比，較不拘束，與會者也較不固定。

意見或疑問。

因為他們認為「不要輕易發言會更安全」。

當沒有安全感時，即便是和上司兩人單獨的一對一面談，也沒辦法順利溝通，因為下屬會為了不被斥責而選擇盡量不開口說話。

如此便形成了團隊成員不會自己主動提出想法，而是只會等待上司指令行事的局面。

假若團隊成員不願意主動開口說話，上司就只得單方面不斷說個不停，誇誇其談地炫耀自己過往的功績，又或者嘮嘮叨叨地糾舉別人的不是。寶貴的光陰就這樣流逝，簡直是最糟糕的一段時間。

這種情況當然沒辦法提振團隊的士氣，很難讓他們能好好工作。

透過閒聊增進團隊的向心力

明明必須和團隊成員建立信賴關係，但是一般的管理職卻傾向以「報告、聯絡、商談」的準則來和成員相處。他們認為言行出現漏洞或破綻的話會被人瞧不起，所以不少人會擺出傲慢的姿態，採取強硬的手段來管理團隊。

但是，如果上司和下屬之間形成上對下的階級關係，成員總是聽命行事的話，就沒辦法培養出成員能自我思考、自主行動的「共感團隊」。

比起「報告、聯絡、商談」，前5%菁英領導者會以**「閒聊、商談」**為首要目標，試圖建立一個能和成員**彼此閒談、互相商量的關係**。

前5%菁英領導者十分擅長整合事務，好讓事情能持續順利進行下去。

為此，他們也為「閒聊」這件事打造了專屬準則。

比方說，資通訊服務產業以及製造業的前5%菁英領導者，會將**團隊例行會議的開頭前二到三分鐘制定為閒聊時間**。

透過閒談一些與工作無關的話題，來炒熱現場氣氛。

跟實際集合碰面的會議形式相比，在線上會議的開頭閒聊更能活躍大家的興致。但不是只有領導者一個人開口，還要拋出一些輕鬆的話題，盡可能地讓更多成員參與發言。

例如，談談「大家中午都習慣自己煮嗎？還是你們是便利商店派？我自己是很喜歡便利商店的鹽味飯糰啦……」，像這類**與飲食相關的話題，不管是誰都能輕鬆加入討論**。

因為對話中也透露了自己的事情，所以能形成**雙向溝通**。或許有些成員參與不了和職棒或電玩相關的興趣話題，不過如果是**飲食或天氣的話題，任何人都能輕鬆參與**。

不過前5%菁英領導者這麼做的最大目的不是讓團隊成員談天說地，而是要**透過閒聊來尋找團隊成員間的共通點**。只要找到彼此的共通點，就能一下子縮小雙方的距離感。

此外，前5%菁英領導者還會讓團隊中的各個成員輪流擔任「在會議開頭拋出聊天話題」的角色。

成員們各自輪番上陣引領話題的走向，還能訓練他們主動發言，這樣做是看準了能夠**「提升成員的引導能力」和「防止成員被孤立」**這兩個效果。

我們向二十五家企業客戶推廣了閒談準則，因為考慮到有一定的規則的話會比較方便實行，所以最後決定以**「在公司內部會議的開頭閒聊兩分鐘」**作為規範，讓他們嘗試執行。

不過根據調查，也得知了某流通服務產業的客戶當中，共有24%的人不希望在閒談時提到有關於家庭的話題，所以我們讓嘗試執行此規範的客戶也避免談論與家庭相關的話題。

為了驗證、比對閒談機制的成效，當中也隨機穿插了不進行閒談的會議。另外，因為有企業客戶在驗證前就已經錄製過會議進行的畫面，所以也能比較在閒談機制開始前與執行後的差異。

經過兩個月的試行，得出了以下結果：

有實行閒談機制的會議比沒實行閒談機制的會議多出了平均一．七倍的發言量，發言人數則增加了一．九倍。不僅如此，**會議在預定時間內結束的機率甚至還高出了45%**。

即便在會議開頭增加了兩分鐘的閒談時間，也能在預定的時間內結束會議，這代表了團隊的管理效率比之前更高了。

只要一開始的氣氛融洽，就能不顧忌地發表個人意見，彼此還能激發出各種點子，讓決策能更順暢地進行下去。因為減少了在會議結束後才默默地表示自己意見的機率，所以也不再容易發生事後議論的狀況。當團隊全體成員能敞開心扉各抒己見，就能更有效率地運用工作時間。

雖然偶爾也會遇到有些人不懂看場面說話，導致現場空氣瞬間凝結的情況，不過比起這類壞處，更大的好處是提升了會議的效率和成果。

「開頭兩分鐘」，像這樣具體加入數字的話，便很容易實踐。閒談準則已經滲透、扎根在各大企業客戶之中了。

比起要求企業客戶「請多多閒聊吧」，如果能清楚說明**「請在最開頭的兩分鐘試著閒聊吧」**的話，就能降低大家心中認知的難易度，更容易付諸實行。

接著，透過口耳相傳推廣到公司內部後，這便不再是一種規範或守則，而會成為公司的文化與習慣。

工作習慣2　內省制度讓製造業加班時間減少18%

許多企業都引進了一對一面談制度，讓領導者和團隊成員能夠單獨談話。我們向其中八百〇五家企業進行了問卷調查，結果顯示共有57%的企業已施行定期一對一面談的制度。

比起自己，前5%菁英領導者總是留心讓團隊成員在一對一面談中多說一些話。這是**為了讓成員能以「我」為主詞來進行談話**。對成員來說，一對一面談的時間是能暫時停下腳步來省思的寶貴時光。

並不是讓成員說明企劃書製作的進展如何，或是業務開發有沒有按照預定計畫進行等情況。而是要讓他們思考如下述相關的問題：

- **當企劃書未通過時，「你有什麼看法？」**
- **當行程被推遲時，「你認為該怎麼解決？」**

要讓團隊成員談談對這些問題的想法。

仔細地聆聽他們怎麼說，接著再讓他們更深入思考其中的問題。

前5%菁英領導者會避免不斷反覆質問**「為什麼？」**、**「那又是為何？」**因為這樣做會讓團隊成員覺得總是**被逼問**解決方法。

所以，前5%菁英領導者**首先會好好地接受成員所說**，**對他們表示共感**。總而言之會先聽取他們的想法，不會不由分說地否定他們的意見，也不會立刻幫他們提出解決對策。無論如何，這終究是**為了讓成員能夠自我覺察的時間**。前5%菁英領導者會對成員表示關心，謹慎地挖掘更深一層的想法。當提出問題的時候，並非給他們答案只有YES和NO這兩種選項的封閉式問題，而是提出例如**「你怎麼想？」**、**「為什麼會這樣想？」等開放式問題**，讓他們能進一步思考更深層的問題。

在這個變化莫測的時代，不管是企業還是個人，能確保擁有多少**「回顧內省的時間」**都影響著各自的勝負成敗。當你開始停止思考，無法感知外界變化，也察覺不到工作成果，就代表著你已經停止進步了。

前5%菁英領導者正在實踐的內省制度，並非只將關注點放在錯誤或過失之處，而是**置身高處以客觀的視角俯瞰自己的行動**。面對團隊成員時，他們同樣也以客觀的立場來向成員提問，讓成員能更深入思考。

「目前的狀況是這樣的，在那之前我還採取了這些行動。那還有沒有其他更好的方法呢？」如此這般，為了往後能獲取更優良的成效，面向未來進行回顧反思就是內省的特徵。透過內省，能帶來新的發現和覺察。只要有所覺察，就能改善行為舉動。透過一對一面談來確認行動該如何改善，等到下一次的一對一面談再來回顧其成果。

也就是說，必須掌握**「以覺察為基礎來制定假說並對其進行驗證」的循環**，這就是**改善行為的機制**。不過，如果制定的改善幅度太大的話會加深心理障礙，有可能導致對行動產生卻步。所以剛開始只需要先跨出一**小步（輕足跡）**[1]，由此來切身感受其中的變化，如果能根據這份感受來應對下一次的改善，那麼行動變化就會

1 輕足跡理念原先是由美國軍事學院提出，後來羅蘭貝格管理諮詢公司的CEO常博逸提出將此概念運用在經營管理上。為了順應VUCA，也就是volatility（易變性）、uncertainty（不確定性）、complexity（複雜性）、ambiguity（模糊性）的世界，利用輕型管理來進行創新、敏捷、臨機應變的經營，減少規模和資源以避免留下足跡。

穩固扎根。

我們試著將前5%菁英領導者執行的「正確的一對一面談方式」部署到其他管理職當中，並制定了「**一對一面談的五項準則**」，盼能滲透其中。

①不自己喋喋不休，而是要留七成的時間讓成員說話，並認真傾聽他們的想法。

②禁止不斷持續質問「為什麼」。

③當發生失誤或疏忽時，比起責備，更須共同思考問題發生的原因。

④一起內省（回顧反思），並且自己也共同參與改善行動。

⑤改善行動過後，再次一同內省（回顧反思）。

特別是第五項的回顧反思效果非常顯著。

當了解到自己的工作有哪些部分是無意義的消耗時，自然會開始思考是不是有什麼地方可以再刪減精練呢？如此便能察覺到「能更順利進行的工作」、「不做也沒關係的工作」、「交付給別人做就好的工作」……遇到那些其實應該可以進行得更順利的工作時，如果能輕鬆地向上司或工作夥伴提出「現在方便談談嗎？」並互相商量的話，說不定就真的能進展得更順暢；面對那些「不做也沒關係的工作」，或許只要能清楚拒絕，挑明了說「辦不到」就好。像這樣回顧反思，便能發現許多可以改善的地方。

只要從開始內省的日子，一點一滴慢慢地改善就足夠了。

為此，我們為某製造業的企業客戶制定了**「每週五下午三點開始，全體員工進行十五分鐘內省時間」**的規範，先試行了三個月。

這個規範並沒有要求所有員工必須報告內省的內容，**只不過需要查看行事曆APP或記事本上紀錄的當週行程**。假設在某次內省時**發現了每天有十分鐘都是被浪費掉的話，就能知道每個月可以再節省的時間達到了三個半小時**。

此客戶實施這項每週一次的內省規範經過了三個月之後，發現與前一年同時期相比，減少了18%的加班時間。在這些節省下來的時間之中，有一部分被拿來重新安排提升員工技能，尤其對改善年輕員工自我認知的工作價值上有很大的貢獻。

由於管理職反思了自身的行動，所以在經營管理上也產生了新的變化。當團隊整體的經營管理能夠有效進行，自然而然地工作業務也會得到改善。最終達到全體成員皆會自我回顧反思的話，就能提升團隊全體的力量。

調查結果顯示，**越是保守的管理職，在內省時間中產生新發現的比例就越高**。

當然也有些人認為自己太忙了，根本不能保證每週都能空出十五分鐘來進行內省。

但正是因為過於忙碌才更需要透過內省來**「決定要放棄什麼」**。即便平時業務繁忙勞累，只要事先把每週五下午三點留下十五分鐘，安排進行事曆裡就好。

持續兩個月就會成為習慣，請各位務必試試看。

工作習慣3　點頭示意可將工作價值提升16%

如前所述，前5%菁英領導者非常善於引導談話對象開口說話。

為了促使對方展開行動，他們不會自說自話，而是進行雙向溝通。

因為希望對方能放心地發表意見，他們首先會透過閒聊或臉部表情來確保對方處於放心狀態，並且透過交互提出開放式問題和封閉式問題來讓對方能夠加深思考。當對方心境愉悅起來，願意多說一些話的時候，他們還有辦法讓對方的情緒更加高漲、說更多的話。某位任職於貿易公司的前5%菁英領導者這麼解釋：**「比起聽其他人說話，自己說話的時候更容易感到興奮。」**

另外，我們針對兩萬九千萬名非管理職的一般員工進行調查，當問到**「易於交談的領導者的特徵是什麼」**時，調查結果第一名是**「認真傾聽的姿態」**，第二名是**「平時就經常與自己交談」**，第三名是**「讓人感到放心，散發樂於交談的氣息和距離感」**，諸如此類**與氛圍相關的特質**。

為了弄清第一名的「姿態」以及第三名的「氣息和距離感」具體來說究竟是什

麼，我們解析了前5％菁英領導者在線上會議和一對一面談的對話。

此次收集了兩百一十七位團隊領導者在聆聽他人說話時的影像紀錄，總共約有五百小時。由本公司的顧問查看這些畫面，分析前5％菁英領導者的共通點，以及他們和其他管理職的不同之處。

於是得出了以下數據：

- **前5％菁英領導者點頭示意的幅度平均為12公分，比一般的管理職多出33％。**
- **前5％菁英領導者點一次頭，平均會花費的時間為1.1秒。與一般的管理職相比，他們點頭的速度慢了1.5倍。**
- **前5％菁英領導者與他人談話時，打斷別人發言的次數約為每10分鐘0.2次。這個頻率是一般管理職的3分之1以下。**

以上述數據為基礎，某精密儀器製造商每年舉辦了四次面向管理職的研討會。除了強制將一對一面談的頻率定為每個月一次，也將下列三項準則納入日常對話中：

點頭示意的三項準則

①有意識，大幅度地點頭。如果是線上談話，必須大幅度地點頭，動作要大到頭部超出螢幕畫面。

②刻意放慢點頭的速度，必須比平時還慢。

③當認為對方已經說完話的時候，先在心中默唸一聲「嗯」之後再開始發言。

此外也同時引進下屬對上司提出意見回饋的制度。

從二〇二〇年五月開始約一年的時間，有62％的領導者不斷考慮著上述三點準則來與他人進行對話，另外也有38％的領導者雖然參加了此研討會卻無法改變行動及養成習慣。

二〇二一年四月，本公司再度調查了此精密儀器製造商，發現他們整體的工作價值指標上升了三個百分點。並且，習慣了上述三項點頭示意準則的那62％領導者也是，他們帶領的團隊平均的工作價值指標提升了六個百分點。

雖然無法直接測量當中的影響，但是有62％的團隊都提高了指標數字。更讓人感到高興的是，在這些習慣了三項點頭示意準則的領導者當中，共有63％的領導者都表示：**「跟團隊成員的對話變得更愉快了。」**

縱使沒能推導出明確的相關性，不過只要表現出用心傾聽的姿態，散發出讓對方感到能放心說話的氣氛，肯定能對雙方的溝通有所幫助。

工作習慣4　讓員工打開視訊會議鏡頭的5種方法

從二〇二〇年到二〇二一年，本公司為一百七十八家企業提供了「線上傳達溝通術」的講座。

最常被問到的問題是：**「要怎麼做才能讓線上會議的參加者打開視訊鏡頭呢？」**

為了確認對方是否理解自己所說的話，說話的一方會希望能看到聽眾的表情，會議的主辦方也會希望能得知與會者是否有在聽講。

因為擔心會議的參加者「是不是暗自在底下做別的工作」、「有沒有在偷看YouTube」，導致自己也無法集中精力參與會議。

如果能一邊察看對方的神情一邊發言的話，就能夠靈活地調整自己的說話方式和內容。因為人類通常都是靠著觀察眉目以及嘴角等神色變化來判斷對方的情緒，所以當完全看不到對方的表情時就會感到不安。

但是相反的，與會者認為不打開視訊鏡頭比較輕鬆舒適。

不開鏡頭的話就不用整理髮型也不必化妝，當然也有很多人是因為不喜歡被其他人看到自己屋子裡的樣子。根據腦科學專家的研究顯示，持續露出自己的面孔會給大腦帶來不少壓力。

如果要透過不拘泥場所的遠距工作來和團隊成員共事的話，就必須確保彼此擁有能放心說話、盡情討論的心理安全感。

過度的心理顧慮會導致工作效率下降，溝通不良也會引發許多不必要的業務量，還有可能因為壓力而產生精神疾病等負面影響。我們都明白大家想按照自己喜歡的型態來工作，能照著自己期盼的方式做事肯定會覺得很幸福。

但是，這樣的自由也有需要承擔的責任。

並非任何事情都可以自由地去做。譬如說，當你到公司上班的時候，如果因為不想被別人看到自己的臉而戴著面具出席會議，那麼被警告也是理所當然的事。

雖說如此，身為一名團隊中的領導者，也很難不分青紅皂白地強硬命令成員：

「我叫你打開視訊鏡頭聽到沒！」

事實上，前5%菁英領導者也為了開不開視訊鏡頭的問題苦惱不已。**前5%菁英領導者把團隊成員視為合作夥伴，他們不會用「應該這樣做」的論點去管束成員**。他們會在考慮著成員利益的同時，也一邊思考著如何才能有效地促進改變。

在我們調查的前5%菁英領導者之中，共有三位製造業者、兩位情報通信業者、兩位流通服務業者、一位觀光業者**參與了「讓與會者打開視訊鏡頭」的實驗，在此實驗得出的結果中，我們發現了幾項他們做事的共通模式**。

於是我們設法讓其他團隊，以及其他企業客戶也遵循這個模式，進行同樣的行動實驗。

這次參與的企業客戶共有三十九家，以不增加與會者精神壓力的情況下，模擬重現了「讓會議參加者打開視訊鏡頭」的行動實驗。

實驗中有著顯著效果的，是以下五項行動：

①事前共享議程

不管是面對面會議還是線上會議，**事前的準備決定了八成的結果走向**。

如果不理解會議的**意義和目的**，那麼與會者就真的只是出席然後等待會議結束而已。

舉例來說，有許多人無心於朝會或例行會議，甚至很多人都在底下默默做著其他工作。實際上，根據我們對「會在線上會議中做其他事情的人」調查後發現，當中共有41％的人會暗自做一些與出席的會議毫無相關的工作。

當然，我們並非要否定「同時處理多項業務」這件事。

而是在會議當中，如果都不參與討論也不提出疑問，那麼團隊全體的工作效率就會下降。

因此，為了讓與會者有所自覺，認知到這場會議不是別人的事而是與自己相關的事，**必須在事前共享議程**。於會議**開始前二十四小時**發送議程資訊，並將與會者各自負責的職務都清楚寫明在會議召開訊息當中。倘若能夠事先知道這場會議的目的，到底是要共享情報，或是決議，還是要商量討論，與會者就可以提前做好該做的準備。

本公司在企業客戶的辦公室內部裝設了攝影機，耗時八千小時拍攝了會議室中員工們的模樣。我們觀察了事前有共享議程的會議後發現，有許多人進入會議室時挺直了腰桿，可以看出他們出席會議時是把這件事當作自己的事在參與。反之，在事前沒有共享議程的會議中可以看到，不少人入場時都彎腰駝背，慢悠悠地走進會議室，甚至在坐定位後就馬上把手機拿出來滑。

要說這種**「沒有共享議程的會議」開設的宗旨，就只是大家各自坐在椅子上乾等會議結束**也不為過。

假如會議的目的只是把眾人集聚一堂，會降低參與者出席會議的動機與熱忱。有很多管理職舉辦例行會議的目的，也都只是想看看團隊成員各自的狀態如何而已。

這些情況在線上會議也是同樣的。

我們分析了這三十九家協助行動實驗的企業客戶的數據資料，將「有在事前共享議程的會議」和「沒有在事前共享議程的會議」進行比對。

實驗開始的第一週，並沒有觀察到打開鏡頭的比例有提升的現象。不過可以發現，**如果是有在事前共享議程的會議，那麼發言者和提問者會打開視訊鏡頭待機**。而沒有在事前共享議程的會議則沒有這個狀況。

觀察到出現變化是從第二週的後半開始。

在事前有共享議程的例行會議中，開啟視訊鏡頭的人數逐漸增加。當看到其他人把鏡頭打開，漸漸地就會有更多人也開啟視訊鏡頭。雖然最終還是沒能讓所有人都把鏡頭打開，不過我們可以得知，**事前有共享議程的話，與會者就可以先理解會議的意義與目的，並且能夠積極地參與會議，把這件事當作自己的事情來看待**。另外也了解到，會議參與者的積極度多少會影響到他們打開視訊鏡頭的意願。

這三十九家進行模擬實驗的企業至今也維持著同樣的規範，在會議開始前二十四小時向與會者共享議程資訊，除了開啟視訊鏡頭的成果之外，甚至還產生了會議時間減少8%以上的次要成效。

②只在會議開頭前兩分鐘閒聊的時間打開視訊鏡頭

如同本書前述所說，我們知道在**公司內部會議的開頭先閒聊兩分鐘能夠提升工作成果與效率**。如果是多數與會者都習慣先察言觀色才進行發言的情況，就更需要先透過閒聊來緩和現場氣氛，消除彼此的戒心。

這邊所說的閒聊並非只是單純地談論與工作無關的話題，而是一種**找出與會者之間的共通點的溝通技巧**。只要找到任何一項共通點，就可以一下子加深彼此的關係，當全體成員都能夠加入談話之中，便能產生團隊的一體感。

這項「會議開頭閒聊兩分鐘」的準則在各家企業客戶中獲得了好評，此準則不僅能運用在公司內部，許多前5％菁英領導者也應用在與客戶的談話之中。

另外，某製造業的一位前5％菁英領導者為了讓會議的參與者打開視訊鏡頭，提出了：**「只要在開頭的前兩分鐘就好，我們打開視訊鏡頭輕鬆地聊聊天怎麼樣啊？」**這樣比較不嚴肅的建議。

此提案是為了讓團隊成員感覺到**聊天＝愉快放鬆**，而為了讓聊天變得更加歡樂有趣，不妨試著打開視訊鏡頭。這個建議巧妙的地方在於，**不是提出「要不要整場**

會議都打開視訊鏡頭」的要求，而是「只在開頭的兩分鐘就好」，以此降低對方的心理障礙和行為改變的難度。

從團隊成員的角度來看，雖然他們可能會對在會議中整整一個小時都露臉這件事感到抗拒，但是如果只需要在開頭的兩分鐘談天說笑的話，就會產生好像打開鏡頭也沒關係的想法。事實上，響應了「只在會議開頭閒談兩分鐘的時間打開視訊鏡頭」的成員就多達了**八成**左右。

在三十九家企業客戶中試行了這項「只在會議開頭閒談兩分鐘的時間打開視訊鏡頭」的準則後，共有68％的參加者願意打開視訊鏡頭，**其中更有33％的人在開聊結束後也沒有關掉視訊鏡頭**，證明了這項準則的成效非常好。

向對方傳達有益之處，以此降低對方的心理障礙和行動難度。

這項誘使對方行動的準則，在「會議中讓參加者開啟視訊鏡頭」這件事上面發揮了極大的功效。

③互惠原則

前5%菁英領導者會推心置腹地與人相處並揭示自己的弱點，為團隊成員營造一個可以自由自在發表意見的環境。

他們不會突然拋出：「週末過得怎麼樣啊？」這種問題，而是會先分享自己的事情再提出疑問，例如：**「我週末在網路上看了足球賽，你呢？週末有做些什麼活動嗎？」**

根據我們對各企業客戶的管理職進行問卷調查的結果可以知道，如果沒頭沒腦地提出「最近怎麼樣？」、「週末過得如何？」這些問題，那麼團隊成員會好好回答的比例只有**18%左右**。

另一方面，前5%菁英領導者會像上述提到的例子一樣，先說說自己如何之後才去詢問對方。在這樣的情況下，願意認真回答的成員高達了78%。這就是**「自我揭示」＋「互惠原則」**的作用。

某流通服務產業的前5%菁英領導者確信這項互惠原則，所以總是先自己打開視訊鏡頭，來等待團隊成員也跟著打開視訊鏡頭。

剛開始大家似乎有些不太適應，不過開啟視訊鏡頭的成員有逐漸增加的趨勢，**隨著開啟視訊鏡頭的成員比例達到四成的時候，轉眼間全員都打開視訊鏡頭了。**

當所有人都願意開啟視訊鏡頭，彼此能夠共享情緒也可以提出想法時，就已經打破了過往「只有主要的發言者和提問者會開啟視訊鏡頭」的會議模式，並且也漸漸降低了大家開啟視訊鏡頭的心理障礙。

我們也試著將此「自我揭示」＋「互惠原則」的原理運用在三十九家企業的模擬實驗中。

剛開始並沒有如我們預期的產生什麼太大的變化。不過我們觀察到，如果領導者是女性，或者有十五年以上的管理職經驗，當他們主動開啟視訊鏡頭時，會有比較多團隊成員對此做出回應。當中有些成員是抱持著**「既然這位主管都打開鏡頭了，那我也打開吧」**的想法。想讓別人有所行動的話，如果自己沒有以身作則是沒辦法讓他人接受的。明明自己沒有做到卻要求其他人去做，可說是一點說服力也沒有。當團隊中的領導者自己率先開啟視訊鏡頭，也代表著擁有了能夠向成員提出開啟視訊鏡頭的資格吧。**若具備提出建議的資格，再順利地疊加對方能得到的益處，就能夠讓對方有所行動**。

不只前5％菁英領導者，如果能將「上司都坦蕩蕩地和我們分享自己的事情了，我也坦誠以待說些什麼吧」的「互惠原則」運用在各領域之中，同樣可以得到相應的成效。

④對話進行不下去的時候提出封閉式問題

前5%菁英領導者非常善於讓談話對象開口說話。比起自己發表意見，他們更將重點放在傾聽他人說話上面，靠著讓對方開口說話來提升對方的興致。

但是，並非每名團隊成員都能言善道，可以與領導者侃侃而談。其中當然也會有沉默寡言，或者不善於表達的成員存在。

為了讓這樣的成員也能敞開心扉說說自己的想法，必須使用特別的提問技巧。例如，有一位飲食業的前5%菁英領導者的提問技巧是：**靈活地區別運用開放式問題和封閉式問題**。

當對方不怎麼開口說話時，可以利用**讓對方選擇「是或否」的封閉式選項**來提問，以此循序漸進地讓對方開口，如果對方開始願意講述自己的意見時，可以轉換為利用能夠**讓對方自由作答的開放式問題**來深入挖掘對方的想法。

透過這樣的方式讓對方願意開口說話後，願意打開視訊鏡頭的成員也隨之增加了。

假如談話對象的話不多，就運用封閉式提問來讓對方漸漸卸下心防，使他開口說話；當觸及對方有興趣的話題時，就可以透過開放式提問來引導對方說出更深一層的想法。我們認為這個手法是能夠模擬重現的，於是決定讓三十九家企業客戶也試行這項行動實驗，不過要將開放式問題和封閉式問題的使用時機做出明確的區別有著一定的難度。

為此，我們為管理職擬定了策略，告訴他們如果在一對一面談中**對話進行不下去的時候，就提出封閉式問題，當氣氛熱絡的時候，就提出開放式問題並留給對方七成左右的時間發言**。雖然沒有得到定量的成果，不過遵照此規範行事的管理職當中，共有53％的人認為他們「表達得更流暢了」。

但是另一方面，也有34％的人表示：「很難區別開放式問題和封閉式問題的使用方法。」

所以我們轉換了策略方向，將準則簡化為只需要在**「對話進行不下去的時候提出封閉式問題」**就好。於是認為「很難區別使用方法」的人減少了9％，而表示「對話進行得更順利」的人則提升到了51％，我們也在此確認了相應的成果。

連續接受了兩個月的指導方針後，許多管理職表示，在一對一面談中原本關閉視訊鏡頭的團隊成員改為開啟視訊鏡頭的人數增加了。我們也能從而得知，當對話能夠順暢地進行下去的話，對方自然會願意打開視訊鏡頭。

我們也希望能更深入研究前5％菁英領導者下意識掌握的「讓對方開口說話的提問技巧」，將此準則擴大應用在各領域之中。

⑤88888

根據我們對大約十六萬人進行調查的結果顯示，人們只有在感受到**「認可」**、**「達成」**、**「自由」**的時候，才會真切地認為自己的工作是具有價值、擁有意義的。

「認可」代表得到他人的感謝、職位晉升，或是獲得額外的獎金。

「達成」指的是解決糾紛、業績超過銷售目標，或者在不加班的狀況下就完成工作。

「自由」則象徵著能夠隨心所欲地做自己想做的工作。

尤其是被認可的時候，有最多人會因此感覺到自己工作的意義。

當這份「認可」的欲求被刺激時，就很容易感受到工作的價值。

前5％菁英領導者自然而然地領悟了這個道理，他們向團隊成員道聲「謝謝！」的比例是一般管理職的八倍之多。

前5％菁英員工同樣也經常向他人道謝，不過兩者之間的不同，是前5％菁英領導者會清楚地說出自己對什麼事情表示感謝。

他們不會說：「上次那件事謝謝你啦！」這樣籠統的話，而會說：「上星期三你準備的會議資料實在是幫了大忙，太感謝了！」像這樣具體地向對方表示感激之情。

這個說法肯定能讓對方感到非常開心。

一位製造業的前5％菁英領導者便有意識地運用了這個「刺激認可欲求」的準則。

她追求著如何在會議中提升參加者的興致，以及怎麼做才能讓對方感到自己的工作是具有價值的。她表示：**「會議就是團隊的能量來源，是創造團隊向心力的場**

所。」訪問這位前5％菁英領導者的正是我本人。我被她的氣勢所震撼，不知不覺已經開始一邊聽她說話一邊做起了筆記。

這位前5％菁英領導者除了嘗試**刺激團隊成員的認可欲求**，也試著打開自己的視訊鏡頭。例如在成員發表意見時，她會對著視訊鏡頭拍手；當成員提出疑問時，她會用訊息傳送「讚！」的貼圖給對方。

另外，她也活用了我在二〇一八年向各家企業推廣的**「88888」**準則。在會議中如果有團隊成員發言的話，她就會傳送表達讚賞的訊息給對方。**「88888」**即是「**啪啪啪啪啪**」，也就是**拍手**的意思。

透過這樣的方式，營造了**能夠共享情緒的氛圍**。

於是，她帶領的團隊在會議上全員都打開了視訊鏡頭。我們也開始想著，或許這個準則也能夠運用在其他的團隊上。

之後我們引導三十九家企業客戶也試行這項行動實驗，讓他們有意圖地在會議中使用「讚」的貼圖，也運用「88888」準則來認可會議的參與者。雖然這個「認可」的行為改變以超乎預期的速度發展，不過卻沒有直接影響到視訊鏡頭的開啟與否。

但是，**從原本只是冷漠地共享情報轉換為熱絡地共享情感，就可以讓會議本身的氛圍有著極大的改變**。

工作的目的並非打造一個感情很好的團隊，不能只是單純想著大家開開心心就好。但是當團隊彼此正腦力激盪提出想法時，如果被正面積極的氣氛包圍，就可以激發出更多的點子。

雖然我們認為氣氛良好的話就可以促使大家打開視訊鏡頭，但可惜的是，這個假說沒有辦法靠科學來證明。

即便如此，如果能將「在會議開頭閒聊兩分鐘」的準則，和「8888」這樣情緒共享的準則做結合運用的話，可以發現在會議開頭閒聊兩分鐘後也持續開著視訊鏡頭的人比之前更多了。

縱使我們很難將「氛圍變好」這件事用量化呈現，但若能從團隊中的領導者對成員，甚至成員夥伴間互相認可的話，團隊整體的氣氛便能活絡起來，或許對「把視訊鏡頭打開」這件事產生的不安感也會跟著降低。

工作習慣5　開頭談好處，結尾降難度，參與率提高3倍

隨著科技進步和遠距辦公普及，獨自工作的趨勢也更進一步發展了。不過有時候必須和不知身在何處的人進行共同作業，反而會讓人感到困難重重。於是我們認為，或許可以活用前5%菁英領導者擅長的拉攏人心的溝通技巧。

想要不僅僅局限於團隊內的合作，而是與其他部門或公司外部相關人士多方交涉，達成共感情緒、共創未來的目標的話，就必須在溝通技巧下功夫。

前5%菁英領導者會整合分配團隊成員的長處和短處，盡可能在短時間內解決所面臨的複雜課題。

跟前5%菁英員工相比，前5%菁英領導者聚攏眾人的能力有著絕佳的成效。**與他人對話的時候，不要一直用「我」當主語，而是改為說「我們」。隨著這樣將主語轉換為「We」，可以發揮更大的影響力。**

相較於一般的管理職，前5%菁英領導者不會在一開始還沒了解狀況的時候就

草率地提出自己的想法，也不會不分青紅皂白地指示他人應該要怎麼做。**如果他們有想拉攏的對象的話，會先迎合對方、投其所好，讓對方感到心情愉悅，以此來促使對方按照自己想要的方式行動。**

查看了前5％菁英領導者的電子郵件和通訊軟體談話紀錄，還有公司內部的委託文件之後，都可以明顯看出他們拉攏人心方法的特異之處。當必須要求他人遵守公司內部規範時，或是請求他人協助處理公司內部的事務時，他們都使用了獨特的筆法來撰寫文句。

我個人因為協助過八百〇五家企業進行勞動改革，所以看過很多公司的內部信件，像是引用公司願景或社長評論來推動意識改革的公司內部文字訊息，或者公司系統平台將電子郵件變更為通訊軟體的通知文書等等。

在過往，被稱為「事務通知」的公司內部文件，是非常具有重要性且理應遵循的指令。

但是現今這個時代，階層型組織崩解，必須打造一個成員能夠自我思考、自主行動的共感團隊。在這樣的狀況下，上級要求成員遵照命令去執行的力量也的確正在減弱。

有時候迫使對方去做應該要做的事情確實是必要的，不過也有不少情況是希望對方能夠理解與信服自己所說的話，並且期盼對方可以依照自己所期望的方式去行動。

一般員工和一般管理職在委託他人工作時，很多人經常會以**「應該這樣做、這麼做是當然的」**為前提來書寫文句，因此**很難得到對方的認同**。

我們必須認清，**當想要委託他人工作，卻用強硬的語氣讓對方聽命於自己的話，很多人都不會想要遵從**。

就像以下這篇公告一樣：

「為了提升業務效率，公司將更換會計系統。故今後若需報銷經費時，請將批准人的姓名全部輸入後再提出申請。倘若批准人的姓名沒有被紀錄，將有可能延遲經費匯款的時間，敬請各位諒解。」

這是某精密儀器製造商的會計部員工在公司內發布的公告，然而遵照該指示行事的人只有21％。

為了改善這篇公告沒有被多數人理睬的狀況，會計部的主管建議屬下改寫這篇公告。書寫的方法是**「先讓對方了解做這件事對他有什麼益處，並且具體地向對方說明他該怎麼做，最後降低執行這件事情的難度」**。

屬下接受了主管的提議，實際修改後的公告如下：

「為了讓經費報銷的操作更加自動化，請各位在今後報帳時輸入批准人的姓名。如欲確認批准人的姓名，僅需點擊下方連結即可立即確認。」

只是改變了公告的書寫方式，這家精密儀器製造商的員工依照指示行動的人就增加到了78％。在公告的開頭表明了這件事就對方來說有什麼好處，讓對方意識到這件事並非與自己無關，並且具體地指示對方應該要怎麼執行，最後降低執行的難度。這樣的請求模式可以讓更多的人行動起來，配合公司的新政策。

順帶一提，這名會計部的主管在這家企業中也是人事評鑑前5%的菁英領導者。

像這樣拉攏人心的能力也能仿效運用在其他地方。

「開頭談談對方能得到的好處，接著具體說明該怎麼行動，最後降低行動的難度」。

我們建議其他的企業客戶在委託他人工作時也仿照這三個步驟來執行，結果遵從指示的人明顯增加了。

向客戶提案時也可以運用這項準則。

對客戶來說，在開頭冗長地講述頭銜的自我介紹是完全沒有亮點的。相反地，假如能在一開始就根據提案內容明確說明能給予對方什麼利益，對方就會願意認真聆聽你的談話內容。當對方對你的提案內容產生共鳴，降低對執行方式的疑慮，就可以更有效地讓對方依照你的意願行事。這個準則在一千五百六十位業務員的行動實驗上已經得到了證明。

各企業中的前5％菁英領導者也是同樣的，他們不會在自我介紹花費大量時間來說明自己的頭銜，而會在對話的開頭就先清楚讓對方知道有什麼益處，接著才開始說明內容。

前5％菁英領導者共同的行動模式，或許也能對其他人和其他企業帶來正面的影響。

工作習慣6　不做5種NG行徑，對話頻率提高20％

經過各種行動實驗的結果可以得知，**採取「降低失敗率」的策略能更接近成功**。但是由於每家企業客戶和每組團隊所處的環境和擁有的條件各不相同，所以即便照搬成功模式、依樣畫葫蘆，也很難取得相同的成效。

不過，如果能夠查清過往的失敗經驗，就可以抑制失敗的發生率。前5％菁英領導者也不會囫圇吞棗地盲目模仿其他公司的成功例子，而是會徹底查明失敗的原因，並且謹慎留意不要踩到那些有可能導致失敗的地雷。

比方說，他們在與人溝通時會**避免用「容易讓人產生不必要的誤解」的方式講話**。像是不希望自己講的話被對方做出與自己不同的解讀，或者不想因為一句話就惹得對方不愉快。為此，前5％菁英領導者為自己訂下了溝通準則，也就是**不劈頭就否定對方，以及在一對一面談時，不在一開始就如面試般嚴肅地說：「那今天就麻煩你了。」**

因為不確定這些準則能不能擴散到整個企業當中，於是我們請三十九家企業客戶協助進行此行動實驗。各企業客戶在一個月內徹底執行了前5％菁英領導者制定的準則，此準則為不說五種NG詞彙（不適合使用的詞彙）。

以下具體提出五種NG行徑與詞彙：

①「最近在幹嘛啊？」這樣輕浮的搭話。

②「最近很忙喔？」好像事不關己的提問。

③「是不是在偷懶啊？」如此指責般的言論。

④「但是、可是、怎樣都沒辦法、總覺得好像不行。」劈頭就先用這類否定的言詞。

⑤在遠距辦公時一直用「這個、那個、這些、那些」這類指示代名詞。

因為行動實驗中沒有使用NG詞彙，所以無法做為對照來評量結果。不過經歷兩週的實驗下來也產生了些許變化，我們發現一對一面談的實施率提升了20％左右。過往我任職於微軟的時候，也制定了必須每兩週實行一次一對一面談的規則。但是因為彼此感到尷尬和難為情，當時有很多管理職沒辦法與團隊成員順利進行定期的一對一面談。

即便設下了每月一次或每兩週一次舉行一對一面談的規定，達成率也僅有六成至七成左右。

本次參與行動實驗的三十九家企業客戶當中，共有十九家企業內的團隊也制定了每個月實施一次一對一面談的規定。

他們原本的實施率為70％左右。

但是，**經過徹底執行不做「五種NG行徑」之後，一對一面談的實施率提升到80％左右。**

雖然也有可能是因為其他原因導致實施率提升，不過有61％的管理職都認為**「在明白了NG行徑之後，與團隊成員的對話更加順利了」**，於此我們可以知道，這的確對溝通的順暢產生正面的作用。

如果溝通的頻率增加，彼此也更容易敞開心扉交談，能夠加深彼此的關係。

本公司每年都會接受企業客戶的委託，調查他們的員工自我認知的工作價值與意義。在過去的四年內，我們已向三百四十七家企業提供該服務，並持續追踪。

下屬最討厭聽到的搭話方式

向兩萬九千名下屬詢問「最討厭被問到的問題前三名」：

第1名
上司說：「最近怎樣啊？」
下屬認為：
「有種隨便的感覺」、「聽起來好像其實根本對我不感興趣」。

第2名
上司說：「最近很忙嗎？」
下屬認為：
「看工作紀錄表就知道了吧」、「很難直接表明自己很忙」。

第3名
上司說：「沒在偷懶吧？」
下屬認為：
「希望不要一開始就否定我」、「不要隨便指責我」。

Cross River調查（二〇一七年五月~二〇二〇年十二月）

根據調查結果發現，如果團隊的溝通頻率透過一對一面談而增加的話，其成員就會認為自己的工作價值與意義有所提升。

從這次的調查中了解到的是，如果能知道什麼NG行為會消磨團隊成員的熱忱，就可以避免做出這些舉動，讓對話進行得更順利，交流的頻率也能夠有所提升。

即便不明白直接的因果關係，也可以從結果中看出：如果能夠頻繁與團隊成員溝通，那麼他們的工作價值指數也會更高。這也意味著如果了解什麼樣的舉動是NG行為，就可以提升成員們的工作價值。

更重要的是，認為自己的工作是具有價值的員工，他們的工作效率比其他員工多出了45%。

根據調查發現，**與「不認為自己的工作是具有價值的業務員」相比，認為「自己的工作是具有價值的業務員」的目標達成率高出了一・九倍之多**。

也就是說，「工作價值」和「工作效率的提升」有著非常大的關係。

或許從這一點來看，會覺得這個論點有些牽強，不過我們的確可以說，只要了解到什麼舉動是NG行為就有可能提高工作效率。

至少，**在增加溝通頻率之後，沒有任何一項調查結果的數據是下降的**。

我們知道，前5%菁英領導者會透過增加對話頻率來提升工作效率。而為了增加對話頻率，如果能實踐「不做五種NG行徑」，即便是一般的管理職也能更順利地和團隊成員進行溝通。

工作習慣7　兩人為一組，讓年假消化率提升1.3倍

若想達成每年持續提升績效的團隊目標，只依靠一個人的力量是很危險的。

當然，團隊中要是有著能拿出優秀成績的王牌級成員存在，肯定可以為全體帶來幫助。但是，假如這名成員被調換到其他部門，或是跳槽到競爭對手公司的話，就會產生極大的漏洞。

如果過度依賴王牌級成員，等到哪天發生什麼狀況、產生巨大虧損時，就得花費很長的時間來填補這個損失。考慮到太過仰仗某人某事會產生龐大風險，**前5%菁英領導者會盡量避免所有可能產生依賴的狀況。**

為了增強團隊人才的能力，他們會培養後繼的王牌級成員，也會致力於培育年資較淺的成員、提升他們的程度，以宏觀的角度去長遠規劃團隊的人力配置。

因為即便不用對王牌級成員做出任何指示，他們也能夠拿出工作成果，所以若想運用他們的能力使團隊力量增強兩倍甚至三倍的話，就要**讓團隊中的成員好好相互配合，組成搭檔使效果翻倍。**

此外，也可以將王牌級成員所擁有的知識與技術應用到其他領域上。如果工作體制不是一人獨自進行，而是兩人共同活動的話，**當遇到其中一人臨時請假或有突發狀況時，就可以迅速應對**。也就是說，發生什麼問題時，**小組搭檔可以彌補彼此的不足之處**。

前5%菁英領導者就是像這樣透過部署雙人搭檔來督促工作持續進行下去的。雖然不能說是十分完善的兩人三腳體制，不過這樣的方式可以讓搭檔事先了解雙方的工作內容和執行進展，在情急時便能夠立即支援。不僅如此，這項雙人搭檔體制還可以讓菜鳥員工從旁暗自學習前輩的知識與技術。

隨著這項雙人搭檔體制的建立而引發巨大變動的，是**年假的消化率**。如果能**透過組成雙人搭檔來建立彼此的互補關係，當其中一方休息時，另一方就可以補上這個空缺**。

這之中成效特別顯著的，是**王牌級員工的休假消化率有著大幅度改善**。過去，因為團隊總是過於依賴王牌級成員，導致他們的負擔龐大，有時甚至還會引發心理疾病導致他們必須長期休假。然而，即便在這樣的狀況下也有可能拿不到休假，休不了假也造成他們的心理負擔更大，緊繃的精神狀態得不到舒緩則使他們顯得更焦躁不安，甚至有可能將負面情緒發洩在其他成員身上。

倘若工作和個人的私生活之間能取得一定的平衡，便能沉著從容地處理工作，如此一來，因為一點點壓力就輕易地想跳槽到競爭對手公司的人也會減少。

事實上，**員工的年假消化率和離職率是成反比的。如果不希望團隊中的某個成員離職，讓他好好地使用他應得的年假的話，可以有效避免對方主動請辭至他處工作。**

透過這樣的方式來建立雙人搭檔體制，不僅能降低對單一個人的依賴程度，還能讓員工更容易取得休假，為他們帶來繼續工作的動力。如果能確保工作與生活的平衡，就可以降低員工引發心理疾病或突然辭職不做的風險。

前5%菁英領導者認為行動模式是可以透過模擬重現的，所以他們會為團隊制定行動策略。

這個策略不是給出具體的行動規範，而是打造一個能持續拿出優秀佳績的團隊，並且成員都能感受到自己工作的意義。任職於某中堅企業，從事銷售工作的一位前5%菁英領導者，制定**「為了提出顧客導向的方案，團隊成員需各自發想創新的方法與計畫」**的團隊策略。於是團隊成員開始自發地行動起來，為了了解顧客的狀況而著手查詢公司內部的會計結算帳目資料和中期商務計畫，另外也動手調查競爭對手公司的各種消息與狀況。

這組團隊後來獲得了社長獎的表彰。於是這項團隊策略便擴大發展至其他部門之中。

「沒有規章就無法行動的團隊」不是一組優秀的團隊。

必須制定好策略，讓團隊成員能**自動自發工作**。這個**策略就是行動的基礎**，如果不打好基礎，就算擬定了多麼完美的規章，也無法使成員融會貫通。本公司的某流通業企業客戶中，一位市場銷售部門的前5%菁英領導者制定了關於市場調查的策略。此策略為「在製作企劃書時列出25項核對清單」，這個做法有助於在公司內部申請文件審核。

雖然這項策略不容易在短期內取得成果，不過根據這項策略的改善，部門全體員工的文件審核通過率的確越來越高了。**即便是新進員工，只要遵照這個準則辦**

事，**就可以取得一定的成果。團隊策略就是組織的根本，也是建立獨立自主的成員及組織的起點。**

憑藉著理解團隊的策略而起身採取行動，成員全體便能夠朝著同一個方向努力，也能成為具備自我思考與自發行動能力的團隊。

在三十九家企業客戶中，共有五十九組團隊擁有這樣的團隊策略。比起團隊策略不完備的部門，若擁有團隊策略則目標達成率高出了一．二倍左右，工作價值也多出了十八個百分點，由此可知策略的重要性。

「不依靠個人力量，提升團隊全體的綜合能力」，這樣的團隊策略打造了雙人搭檔的體制，同時實現了團隊的目標，也提升了成員的工作價值。

前5%菁英領導者主導的超強會議

各位可曾有過這樣的會議經驗呢？

會議中的最上位者高聲喊著：「給我拿出什麼好點子來！」結果會議室所有人一片靜默。接著，即便有人鼓起勇氣發言，也會被斥責。

「我覺得可以試著在Instagram發文，利用社群平台擴散消息來招攬客人的話，效果應該不錯！」當年輕的員工提出了這樣的想法，也只會被上司挑毛病：「你說的這個，其他公司也都在做啊！我們也做一樣的事情，有意義嗎？」接著其他人提起勇氣給出了這樣的建議：「還是說……我們寄Email給舊客戶，邀請他們來參加活動？」上司卻立刻駁斥：「那個上次都做過了，不行！」於是整場會議的發言數漸漸減少，甚至也沒有任何方案被採用，導致要討論的事項又被推遲到下一場會議。

如果按照這種方式進行會議，根本沒有人會提出自己的想法。

本公司調查分析了各企業客戶開設的會議，總計紀錄時間達到八千小時。結果顯示，能力一般的管理職在主導會議時，經常會以像上述這樣的方式進行議程。

那麼，該怎麼改善比較好呢？解決方法就是去理解並區分會議的類別。基本上會議的類別可以歸納為「共享資訊」、「提出點子」、「議事決策」這三項目的。

像前述提到的那場反覆否定提案的會議，就是因為把「提出點子」和「議事決策」這兩個項目同時進行，才會導致議程總是無法進行到下一個階段。

想要解決這個問題是很簡單的事。

只要把「提出點子」和「議事決策」區分成兩個不同階段的會議就好。這麼做的話，不僅能增加提案的數量，還能節省約11％的會議時間。

在「提出點子」的會議中，只要將重點放在點子的數量就好。不是要求：「給我拿出什麼好點子來！」而是提出：「不管是什麼都好，有想法的話都提出來吧！」會議一開始要做的就是不斷聽取各種「沒什麼太大用處的意見」。

如果一開始對各種意見表示贊同與歡迎，會議的參與者就會認為：「提出那樣的點子也可以嗎？」於是接二連三地提出許多不同的想法。

有這麼大量的點子被提出來，代表著「議事決策」的材料也齊全充足了，最終應該也能夠得出結果。然而並非由團隊的領導者親自主持這一連串的會議，而是指定將來的團隊領導者來主持，或由團隊成員輪流主持會議，以提升團隊的實力。

最後，在「議事決策」會議中最重要的事情，就是擁有決策權的人一定要出席會議，並且以最低人數限制來召開會議。

首先必須在會議開頭定下決策方針，經由不斷討論以得出結論。

要用多數決嗎？還是看投資報酬率來決定？或者應該優先考慮實現的可能性呢？抑或是得由最高職位的人來做決策？……必須在一開始就決定好這些事情，才能接著進行「議事決策的會議」。照著這樣的程序進行就可以得出最終結論。

作為一名團隊的領導者，追求的目標應該是減少不必要的會議。請各位徹底根除目的只是「坐在椅子上」的那種會議。

以此為基礎，不同時進行「提出點子」和「議事決策」的會議。在「提出點子」的會議上，不要打斷別人的發言，要抱持著接受任何意見的姿態。接著，在「議事決策」的會議上，要先確認評斷基準再討論出結果。這就是在前5％菁英領導者的帶領之下所舉行的「成功的會議」。

結語

ＡＩ的優點是能瞬間分析龐大的數據，並告訴我們那些人類無法察覺的深層訊息。

正是因為運用了ＡＩ的高速處理技術，本公司包括我在內的全體員工才能施行週休三日的制度。ＡＩ也讓我們知道人力資源專家沒有發現到的「前５％菁英領導者的特徵」。

在進行本書的相關調查之前，許多人對身為公司儲備幹部，且博得公司外部人士高度評價的團隊領導者的印象，大部分都是交涉能力很強，並且能帶領團隊成員持續成長。

但是透過ＡＩ調查分析後，發現不少令人感到意外的特徵，例如實際上有人勤懇踏實地建立了「不依靠幹勁而持續行動的共感團隊」；也有人透過「將事前疏通的工作建立標準流程」，以便在團隊戰中發揮整合各方人員的能力；還有人是因為不那麼強勢才有辦法與團隊成員建立關係。

從二〇二〇年開始，新冠肺炎疫情讓全世界陷入混亂之中，當以為疫苗已經順利研發問世時，卻陸續發現新的變異株，因此到目前為止（本書日文版在二〇二一年七月出版）疫情還處於想要完全解決卻似乎遙遙無期的狀態。

面對這樣的情勢，若想靈活應變，就必須增加行動的選項。想要不管身在何處、與任何人共事都可以順暢進行；想要不管面臨什麼複雜的課題，都能發揮團隊力量來解決……為了達成這些目標必須準備多元的行動方案。而想要具備多元的行動方案，就要透過各種行動實驗，來累積經驗值，建立特有的工作模式。

各企業中的前5%菁英領導者，即便在偶然為之的行動實驗中，也能取得必然的成果。此外，前5%菁英領導者會將自己的工作習慣逐漸擴展至團隊成員身上，顯現了比預期更高的成果

「如果是遠距辦公的話會很不容易管理」、「在新冠肺炎疫情這種不安定的環

境下很難拿出什麼成果」……在企業中，像這樣只會找藉口跟抱怨的管理職越來越多。

的確，任誰都不會想到局勢會產生如此巨大的變化。但是如果身為上司無法靈活地應變，只能痛苦地乾著急，團隊成員看到這樣的情況會做何感想呢？

「我必須振作，好好輔佐整個團隊。」如果有成員能像這樣挺身而出，對整個團隊來說都是非常幸運的。

但是也有人會這麼認為：「上司怎麼可以不優秀」、「如果上司太無能就會培養出沒用的下屬」。即便如此，這些都是結果論，因為團隊之中正好有優秀的成員而已吧？

雖然能不斷取得優秀佳績的前5％菁英領導者偶爾也會說一些灰心喪氣的話，但他們不會把錯都推卸在其他人身上。這是因為他們認為就算去抱怨那些自己掌握不了的事情，也只是在浪費精力而已。

假如讓團隊成員看到自己消沉低落的樣子，會影響到整個團隊的士氣，讓成員們的情緒也變得更消極。

前5％菁英領導者認為自己是團隊內部具有影響力的核心人物。他們在面對變換莫測的外部環境時，必須同步思考自己能掌握的團隊內部資源有什麼，然後迅速對應及執行。

不能只是等待團隊中碰巧出現優秀的成員，而是要打造一個有可能培養出優秀成員的環境。

前5%菁英領導者並不認為所有自己帶來的成果都是靠實力取得的。

認為是因為自己「運氣好」的前5%菁英領導者比一般管理職還高出四・三倍之多，這或許也代表了他們能夠辨明運氣和實力的差別吧。在無法掌控的領域中，有可能碰上幸運良機，也有可能遭遇阻礙。

為了不在遭逢逆境時受到影響，前5%菁英領導者會在事前做好萬全的準備。他們會讓團隊中的成員兩人一組，建立一個縱使其中一方發生什麼事情，另一方也可以協助替補的組織。

如果團隊中有良好的策略，能使王牌級人才將其知識與技能應用在其他領域中，那麼新近員工就可以靠著仿效他們來取得一定程度的成果。而對於表現不佳的成員，則可以讓他去增強自己擅長的領域，以便彌補其他成員不足的部分。

就像這樣，去了解團隊成員各自的長處與不足，透過相互配合來達成團隊最佳的工作成果。

團隊成員究竟有沒有心要工作？幸運之神會不會降臨到自己身上？是不是哪天優秀的人才就會加入自己的團隊？前5％菁英領導者不會在這些不確定的因素下賭注。他們會制定一套就算成員們沒有熱忱也能持續採取行動的工作準則，還會多方蒐集情報，讓原本屬於偶然的發現轉化為必然的覺察。此外，他們也不會建立重心只放在一人身上，且過度依賴對方的體制。

在世事變化中，能夠從容柔韌地存活下來的前5％菁英領導者，就是能臨機應變的傑出人才。像彈簧般靈活地一伸一縮來變通對應，就算遇到失敗也能恢復原本的狀態。根據不同的對象來調整溝通方式，並在觀察對方之後透過密切交流來讓彼此想法相通，不僅傳達自己的看法，還要以促使他人有所行動為目標——這樣的人才就是懂得彈性變通的優異人才。

根據疫情期間本公司與企業客戶合作的行動實驗得知，前5％菁英領導者所掌握的變通方式有一個的共通點，這個共通點就是其他人也可以透過仿效這些變通方式來取得成果。

雖然並不是百分百都能夠再現，但模仿前5％菁英領導者的行動至少比一切從頭開始來得更有效率，而且可以更快捷地取得成果。

無論開始任何一項新的行動，必然會伴隨著些許瑕疵。

但是如果只關注那些不足之處，就什麼也改變不了。比起不足之處，想在變化萬千的環境中存活下來，就更要將重心放在優勢之處以採取行動。

前5％菁英領導者也具備同樣的行動策略。與其說他們做事的成功率很高，不如說他們是在成功前累積無數微小的失敗經驗還比較正確。因為成功率是無法迅速提升的，所以他們會試著降低失敗率，同時回顧過往行動的缺失並修正自己的觀念，直到成功為止都持續透過這樣的方法來工作。

各位讀者也有在開會、製作資料、檢查數據，寫工作週報等等事項耗費大量時間的經驗吧。有些人會因為身為企業的正職員工，就經常抱持著一種「現在的狀態很安定」的幻想，於是只一味地執行眼前的工作。

對我來說，我一直堅信，最能為社會帶來貢獻的事情就是工作。

我希望能為心存煩惱的商務人士帶來勇氣，將最迅速取得工作成果的方法傳授給他們，可以幫助更多人工作得更輕鬆無負擔。

哪怕只有一點點，如果能使更多商務人士感到自己的工作是有意義的，如果能提供更多的幸福感給他們的話，我便會覺得非常開心。

今後的世界還會持續不斷地變化。

必須加快速度，進行更多行動實驗才行。請各位參考本書介紹的前5％菁英領導者行動實驗的結果。

透過仿效這些行動，至少可以降低失敗的機率。本書正是為了增加各位讀者的行動選項而誕生的快捷指引。

各位是否都理解本書提供的行動訣竅了？無論是在會議開頭閒聊兩分鐘，還是讓線上會議的參加者打開視訊鏡頭，本書有許多從今天開始就可以嘗試執行的對策。

閱讀本書的目的不是為了知道這些事情就好，而是為了自己也能夠做到。

希望各位讀者能以偶然與本書邂逅為契機，將「不屈服於外界的變化，持續取得工作成果」這件事轉化為必然會發生的事情。

要讓偶然的邂逅轉化為必然，一**切只能取決於你的行動**。

來吧，讓我們在工作中試著做些努力，來產生變化吧。

雖然有時候我也會被壓力籠罩，但是看到讀者的感想和意見回饋，還有社群平台上的留言，都讓我感受到自己的工作是非常有價值的。

我會以各位帶給我的工作價值為基礎，繼續進行調查分析以及實施行動實驗，希望接下來也能持續提升大家的幸福感。

不行動就不會有變化，沒有變化就不會幸福。

僅以這句話聲援讀完此書後付諸行動的讀者。

二〇二一年七月

越川慎司

共感團隊

新世代前5%菁英領導者必備

打造成員有安全感、自主思考、積極行動的共感團隊

AI分析でわかった トップ5%リーダーの習慣

作　　者　越川慎司
譯　　者　陳綠文
社　　長　陳蕙慧
責任編輯　翁淑靜
校　　對　陳錦輝
封面設計　張巖
內頁排版　洪素貞
行銷企劃　陳雅雯、余一霞、汪嘉穎、林芳如（特約）

讀書共和國集團社長　郭重興
發行人暨出版總監　曾大福
出　　版　木馬文化事業股份有限公司
發　　行　遠足文化事業股份有限公司
231新北市新店區民權路108-4號8樓
電　　話　（02）22181417
傳　　真　（02）86671065
電子信箱　service@bookrep.com.tw
郵撥帳號　19588272木馬文化事業股份有限公司
客服專線　0800-221-029
法律顧問　華洋國際專利商標事務所 蘇文生律師
印　　刷　呈靖彩藝有限公司
初　　版　2022年5月

定　　價　380元
ISBN　978-626-314-141-4（紙本書）
978-626-314-143-8（EPUB）
978-626-314-142-1（PDF）

共感團隊：新世代前5%菁英領導者必備，打造成員有安全感、自主思考、積極行動的共感團隊／越川慎司著；陳綠文譯. -- 初版. -- 新北市：木馬文化事業股份有限公司出版：遠足文化事業股份有限公司發行，2022.05
面；　公分
譯自：AI分析でわかったトップ5%リーダーの習慣
ISBN 978-626-314-141-4(平裝)

1.CST: 企業領導 2.CST: 企業管理

494.2　　111003323